Birhan Muche Alemie

Praktyczna hydrogeofizyka

Birhan Muche Alemie

Praktyczna hydrogeofizyka

Praktyczna hydrogeofizyka

Wydawnictwo Bezkresy Wiedzy

Cover image: www.ingimage.com

Publisher:
Wydawnictwo Bezkresy Wiedzy
is a trademark of
International Book Market Service Ltd., member of OmniScriptum Publishing Group
17 Meldrum Street, Beau Bassin 71504, Mauritius

Printed at: see last page
ISBN: 978-620-2-44802-4

Praktyczna hydrogeofizyka

Birhan Muche Alemie

(2019)

Przedmowa do pierwszego wydania

To pierwsze wydanie Practical Hydrogeophysics jest oparte na doświadczeniach terenowych, wiedzy geofizycznej i artykule opublikowanym wcześniej przez autora tej książki, Pana Birhana Muche, zgodnie z wymaganiami wydawcy lambera. Nazwa nadana praktyce ma oznaczać, że książka ta nie jest jak większość innych książek naukowych, które są oparte na teorii, zasadzie, fakcie i prawie natury. Ale geofizyka jest praktyczna w swojej naturze i potrzebuje prawdziwych praktyk polowych.

Jest to bardzo ważne, aby uświadomić osobom zaangażowanym w prace geofizyczne, takim jak geolog, geofizyk i inżynier. Książka ta pozwoli czytelnikowi zrozumieć, jak bardzo skomplikowane jest interpretowanie danych terenowych.

Większość ekspertów zajmujących się geofizyką nie jest w stanie prawidłowo interpretować i boryka się z trudnymi problemami z powodu równoważnych modeli i tłumienia.

Aby opisać i zilustrować ważne punkty, w tej książce zebrano i zinterpretowano następujące dane. W TIta, w północno-wschodniej Etiopii, wykonano dwa pionowe sondowania elektryczne w konfiguracji Schlumbergera o rozstawie elektrod AB/2=750m. Dane dotyczące pola zostały wygładzone i zinterpretowane przy użyciu wersji demonstracyjnej Potent 4.09 2 stycznia 2007 r. dla magnetycznego modelu podpowierzchniowego,IX1D Version2.21 kwietnia 2015 r. i IPI2win(2008) dla oprogramowania do pionowej inwersji dźwięku o oporności elektrycznej. Do wyznaczenia grubości nadmiernego obciążenia i scharakteryzowania skały macierzystej wykorzystano dwuwymiarowy model pola magnetycznego, przekrój geoelektryczny, całkowitą oporność poprzeczną, przewodność wzdłużną i pozorną oporność pionową transformacji pochodnej pseudo przekroju.

Wykonano interpretację dźwięku oporności elektrycznej i dwuwymiarowego całkowitego pola magnetycznego, a wyniki zostały opisane. Wyniki badań to dwuwymiarowy model pola magnetycznego wskazujący 54m grubości nadmiernego obciążenia w części NE, 13m w części środkowej i 34m w części SW. Wrażliwość magnetyczna wynosi 0,066SI na szerokości i -0,0489SI na wysokości. Pionowa transformacja pochodna wskazuje, że od silnie do lekko złamanego bazaltu może być przechylony od zanurzenia NE do SW oddziałowego, co ma dodatnią korelację z wynikiem modelu 2D pola magnetycznego. Prawdziwy przekrój oporności wskazuje, że od wysoce do lekko pękniętego bazaltu może mieć górną głębokość -51,6 m część NE i -101 m SW. Oprócz całkowitej poprzecznej wartości przekroju oporności wynoszą od 2.500Ωm2 do 5.000Ωm2 , a wartości przewodności wzdłużnej od 11,8 Siemen do 12,8 Siemen.

Jest to przekonanie autora, który po przeczytaniu i zrozumieniu, że interpretacja geofizyki jest pracą skomplikowaną i wymaga głębokiej wiedzy z zakresu geofizyki i doświadczenia w terenie.

Podziękowania

Pragnę wyrazić swoją wdzięczność mojej rodzinie, Biurowi Energii Wodnej i

Nawadniania ANRS, które dostarczyło mi najnowszy instrument w mojej pracy, zachęciło mnie do ciężkiej pracy w tej dziedzinie oraz Water Drilling Enter Prise, które dostarczyło mi wyników wierceń studni. Jest to również moja przyjemność podziękować pełne i wolne od demofree dostawcy oprogramowania, takich jak Geofizyczne rozwiązanie Software Solution Potent V4.09 Australia Pty.Ltd za modelowanie magnetyczne i Alexey Bombachew Mosco uniwersytetu stanowego IPI2Win za elektryczne rezystywności interpretacji modelowania.

Spis treści

1 Wprowadzenie

Woda jest jednym z podstawowych zasobów naturalnych dla wszystkich żyjących na ziemi i odgrywa istotną rolę w zapewnieniu znaczącego rozwoju społeczno-gospodarczego. Wody gruntowe są jedną z form tych najcenniejszych zasobów naturalnych na ziemi, a ponieważ są naturalnie czyste, służą jako jedno z głównych źródeł wody pitnej. Ten zasób naturalny (woda) jest wykorzystywany do nawadniania, w przemyśle, do użytku domowego i do wzrostu roślin. Chociaż słodka woda jest jednym z ograniczonych zasobów, jej (Muche, 2015)Popyt rośnie w wyniku wzrostu liczby ludności i nowoczesnej cywilizacji na całym świecie. Stale pogłębiający się niedobór wody i wzrost liczby ludności w alarmującym tempie skłaniają decydentów politycznych do wspólnego poszukiwania rozwiązań dla wyzwań związanych z poszukiwaniem, eksploatacją i zarządzaniem zasobami wodnymi. (2015).

Biuro wodociągowe Dessie jest jedną z tych organizacji, które zajmują się tym problemem i starają się rozwiązać problem wody pitnej zaobserwowany w mieście i okolicy poprzez zbadanie 3(trzech) zlewni wybrano źródło zaopatrzenia w wodę. (Genet Abera and Birhan Muche, 2015).

Oceny potencjału wód podziemnych byłyby przeprowadzane przy pomocy wspólnych synariów, takich jak dane geologiczne, hydrogeologiczne i geofizyczne, wcześniejsze raporty i dane z istniejących odwiertów na tym obszarze. Podjęto wysiłki mające na celu wyznaczenie pionowych i poziomych zmian podpowierzchniowych.

W raporcie tym szczegółowo opisano prace badawcze wód podziemnych, obejmujące techniki geologiczne, hydrogeologiczne i geofizyczne, które są pomocne w określeniu prawdopodobnych źródeł zaopatrzenia w wodę dla obszaru objętego projektem.

Jednym z podstawowych problemów w analizie i interpretacji danych geofizycznych jest uzyskanie unikalnego rozwiązania lub parametrów modelu. Interpretacja techniki geofizycznej nie jest łatwym zadaniem. Najlepsze podejście powinno być zrozumiałe. Dlatego w niniejszym badaniu podjęto próbę skorelowania wyniku pseudo-sekcyjnej pionowej transformacji pochodnej w celu określenia i kontroli przewidywanego modelu podpowierzchniowego z dodatkową informacją wstępną. Podejście jakościowe może dostarczyć wcześniejszych informacji, jak postępować z inwersją danych pola, aby uzyskać najlepszy parametr modelu. (Muche, 2015). (Birhan, 2015)

W tej pracy badawczej, zamiast używać tylko pseudo-sekcji pozornej oporności, pseudo-sekcja pionowej transformacji pochodnej jest uważana za środek do uzyskania najlepszego obrazu podpowierzchniowego. Łączna reakcja na pole magnetyczne i techniki pionowego sondowania elektrycznego, które można zastosować przy użyciu konfiguracji Schlumbergera, mogą dostarczyć środków do pozyskiwania informacji o pionowym rozmieszczeniu podpowierzchniowych formacji geologicznych nad skałą macierzystą.

1.1 Cele

Głównym celem tego badania jest zbadanie źródeł wody, zlokalizowanie miejsca wiercenia dla rozwoju wód gruntowych dla celów zaopatrzenia w wodę miasta deserowego i okolic, aby pokazać, w jaki sposób metoda magnetyczna 2D totalna i pionowa transformacja pochodna pomagają w przeprowadzeniu skutecznych badań.

1.1.1 Cele szczegółowe

- Aby zrozumieć układ geologiczny
- Aby opisać budowę geomorfologiczną
- Do warunków hydrogeologicznych
- Zastosowanie metody całkowitego magnetycznego badania wód gruntowych 2D
- Aby określić kształt skał macierzystych poprzez transformację pionową
- Charakterystyka geofizyki złoża nadkładu przez przewodność wzdłużną
- Charakteryzowanie właściwości geofizycznych skały macierzystej poprzez zastosowanie całkowitego oporu poprzecznego

1.2 Materiały i metodologia

1.2.1 Metodologia

Standardowa metoda badania zasobów wodnych została zastosowana w celu zidentyfikowania miejsca o dobrym potencjale wodnym; ten standard badania zasobów wodnych obejmuje prace biurowe i terenowe. Prace biurowe polegają na zbieraniu i analizie wcześniejszych raportów z badań, map i interpretacji obrazów satelitarnych. Z drugiej strony, prace terenowe obejmują badania geologiczne, hydrogeologiczne i geofizyczne, które obejmują identyfikację różnych jednostek litologicznych, inwentaryzację punktów wodnych, trawersy terenowe w celu weryfikacji punktów i linii, które zostały zidentyfikowane na podstawie wcześniejszych raportów z badań, mapy i interpretację zdjęć satelitarnych podczas prac biurowych. Prowadzone są również badania geofizyczne, głównie sondowania elektryczne w pionie, w celu zobrazowania zmian pionowych na wybranych strefach z badań geologicznych i hydrogeologicznych.

1.2.1 Prace biurowe

W pracy biurowej zebrano i przeanalizowano różne wcześniejsze wyniki badań, aby uzyskać przegląd obszaru. Niektóre z nich były: - Wcześniejsze raporty z badań, mapa topograficzna, mapy geologiczne i hydrogeologiczne, obraz satelitarny obszaru oraz informacje o istniejących źródłach wody. Mimo, że podjęto starania w celu zebrania wszystkich dostępnych dokumentów i informacji o istniejących źródłach zaopatrzenia w wodę z różnych źródeł rządowych (głównie z przedsiębiorstwa projektowo-nadzorczego Amhara oraz z biura ds. wody Jile timuga, nawadniania i rozwoju energetyki), zebrane informacje były bardzo ograniczone ze względu na problem bazy danych, szczególnie na poziomie ubrań. Cyfrowy model elewacji o rozdzielczości 30m i 90m został wykorzystany do wytyczenia obszaru, śledzenia możliwych linii, które mogą wskazywać na struktury regionalne oraz do nałożenia naziemnych punktów GPS. Z interpretacji obrazów zostały wybrane i zweryfikowane wstępne punkty kontrolne poprzez pracę w terenie. (Genet Abera and Birhan Muche, 2015).

1.2.2 Prace w terenie

Po uzupełnieniu wstępnych prac biurowych, przygotowano szczegółowy plan pracy i harmonogramy działań do dalszych szczegółowych prac. Wykonano trawersy w celu zbadania stanu geologicznego i hydrogeologicznego tego obszaru. Istniejące tradycyjne i rozwinięte programy wodne zostały również zinwentaryzowane przy użyciu GPS.

Wszystkie istniejące informacje i mapy zostały przebadane i przeanalizowane, a interpretacja obrazu satelitarnego/cyfrowego modelu elewacji i map na googly earth została zweryfikowana podczas prac terenowych badań geologicznych i hydrogeologicznych, które zostały również wsparte badaniami geofizycznymi (sondowanie elektryczne pionowe) w celu uzyskania większej ilości informacji na temat charakterystyki hydrogeologicznej jednostek skalnych i wykrycia stref wodonośnych.

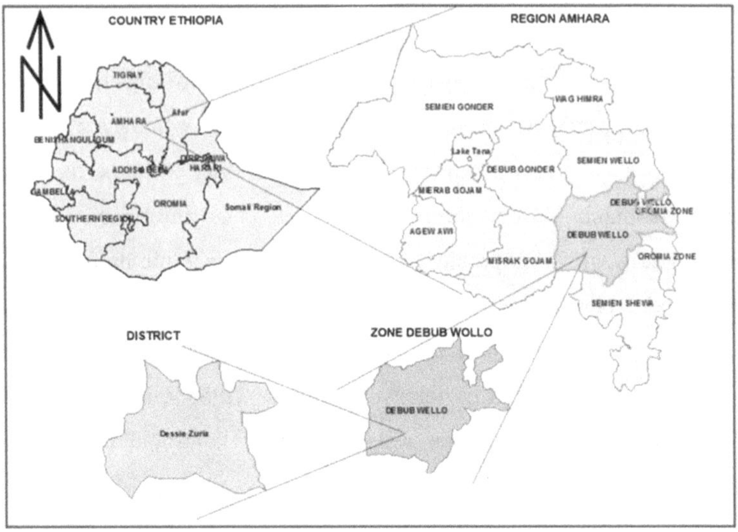

Rysunek 1 badanego obszaru (Podregion i kraj)

Rysunek 2 Mapa geodezyjna Google Earth location map of the study area

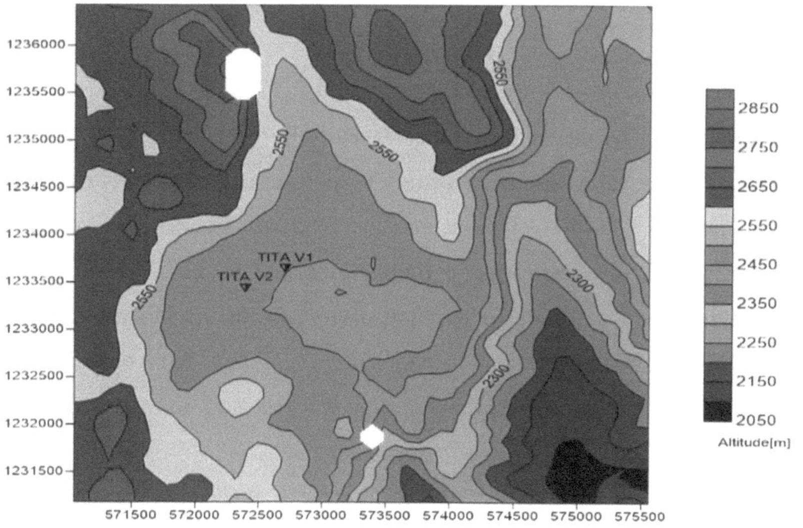

Rysunek 3: Mapa konturowa badanego obszaru

2 Lokalizacja i geologia badanego obszaru

2.1 Lokalizacja obszaru badań

Tita znajduje się w północno-wschodniej części Etiopii, w pobliżu dzielnicy Dessie. Leży on pomiędzy [1227000, 1242000] szerokości geograficznej a [561000, 576000] długości geograficznej układu współrzędnych UTM, który ma adindan Etiopia datum Rysunek 1 i 2, do którego można dotrzeć drogą asfaltową z Dessie do Hayk.

2.2 Geologia regionalna obszaru badań

Obszar Tita znajduje się na obszarze, na którym ujawnił się wysoki efekt tektoniczny w postaci megageologicznej struktury Borkena, od małych do średnich struktur geologicznych i ewentualnej strefy uskokowej przedstawionej na rysunku 3 mapy konturowej. Obszar, na którym znajduje się obszar Tita ma płaską topografię i charakteryzuje się dwoma formami ryolitu i bazaltu na obszarze górskim oraz złożem aluwialnym na obszarze leżącym nisko. Obszar, na którym znajdują się krystaliczne skały piwniczne zajmuje 40% (.Alan M) obszaru Afryki subsaharyjskiej. Aktywność pogodowa odgrywa znaczącą rolę w porowatości i przepuszczalności skał. Porowatość i przepuszczalność w strefie zwietrzałej różni się w zależności od skały. Generalnie, porowatość w skale zmniejsza się wraz z głębokością. Przepuszczalność zależy jednak od zakresu szczelinowania i zawartości gliny (Kazmin, 1979)

Z regionalnej mapy geologicznej Rysunek 4, formacja aszangi, głęboko zwietrzały przepływ bazaltu zasadowego i przejściowego z rzadką interkalacją tufów zdominowana jest we wschodniej, północno-wschodniej i południowo-wschodniej części; formacja Tarmaber-Mengezez, przejściowa i zasadowa bazaltowa zdominowana jest w środkowej, zachodniej części oraz formacja alajowa z trawy (.Alan M)w południowo-zachodniej części obszaru badań dominuje bazalt tradycyjny i subzasadowy z niewielkim dodatkiem ryolitu i erupcją (Genet Abera i Birhan Muche, 2015).

2.3 Rhyolit

Główną formacją geologiczną, która obejmuje badany obszar, jest alagowa formacja głównie ryolitu, która jest silnie spękana i umiarkowanie zwietrzała. Wychodnie na grzbiecie na wschód i północ od Tity i na zachodzie rozcięte płaskowyże górskie i grzbiety wydłużone w kierunku północ-południe. Najważniejszymi ekspozycjami, które zostały wykorzystane do badania geologii obszaru badań z wykorzystaniem polnych trawersów, są wycinki rzek i dróg oraz naturalne ekspozycje w różnych częściach gór otaczających obszar projektu. Jak wynika z różnych ekspozycji, ta główna formacja geologiczna obszaru (ryolit) jest silnie spękana i lekko zwietrzała, w niektórych miejscach jest silnie rozdrobniona [17].

2.4 Depozyty aluwialne

Z drugiej strony stwierdzono, że osad na obszarze nisko położonym wokół tego obszaru projektu (Tita) składa się z grubego złoża sięgającego 60 m (według przeprowadzonych badań geofizycznych głównie VES), które charakteryzuje się różnym stopniem gradacji od mułów do żwirów. Oprócz badań geofizycznych istniała również możliwość obserwacji miąższości i sortowania tego materiału geologicznego z koryta rzeki. Głównie, jak można zaobserwować z rzeki Begkendi, gradacja złóż aluwialnych waha się od gliny do, kamyczków, klimatów, Na podstawie średniej rocznej i miesięcznej temperatury, opadów i sezonowych zmian opadów, rodzaju związanej z tym naturalnej roślinności i wysokości, klimat obszaru projektu różni się od warunków klimatycznych "Woyna Dega (Umiarkowana)" do chłodnej "Umiarkowana (dega)" (Narodowy Atlas Etiopii, 1988).Ogólnie rzecz biorąc, główna pora deszczowa w większości badanych obszarów to "lato (Kiremit)", które trwa od czerwca do września, natomiast pora sucha to okres od października do maja. Jednak niektóre z badanych obszarów to bimodalna jesień, a wiosna to pora deszczowa. (Mohr, 1961,1964 and 1970).

Tabela 1 Ogólna klasyfikacja klimatyczna w oparciu o wysokość n.p.m.

Altitude (m.a.s.l)	Mean annual Temperature (°C)	Description	Traditional description
>3300	< 10	Cool	Kur
2300 – 3300	10 – 15	Cool temperate	Dega
1500 – 2300	15 – 20	Temperate	Woyna Dega
500 – 1500	20 – 25	Warm temperate	Kola
< 500	> 25	Hot	Berha

2.4 Gleba, użytkowanie gruntów i pokrycie terenu

2.4.1 Gleba

Rodzaj gleby zagospodarowanej na danym obszarze zależy od klimatu, drenażu, roślinności, czasu i materiału rodzicielskiego. Najbardziej rozpowszechnionym typem gleby na badanym obszarze jest gleba od jasnej do czarno-brązowej w swoim kolorze. Zawiera on różne rodzaje gleb teksturowanych. Grubość i konsystencja gleby różni się w zależności od miejsca. W górnej części obszaru badań gleba jest bardziej gliniasta, podczas gdy w dolnej części obszaru ziarno staje się drobne, a w środkowej części obszaru projektu kolor gleby zmienia się na czarny i staje się drobniejszy. (Genet Abera, 2015).

2.4.2 Użytkowanie gruntów i pokrycie terenu

Większość obszaru badań jest słabo wegetatywna. Jednak w nielicznych miejscowościach często występuje gęsta pokrywa roślinna z preferowanym układem zbiorowisk. Odnotowano również obszary bez pokrywy roślinnej. Grunty te są w przeważającej mierze wykorzystywane do celów mieszkaniowych i rolniczych. Zarówno doliny jak i tereny górskie służą jako tereny uprawne. Bardzo małe działki w kilku miejscowościach zostały wyznaczone dla rangelandów. Pokrycie roślinne tego obszaru charakteryzuje się głównie eukaliptusem, drzewami, podczas gdy górna i stromo nachylona powierzchnia jest pokryta kilkoma krzewami, piaskiem i innymi bardziej aluwialnymi rodzajami złóż. (Genet Abera, 2015).

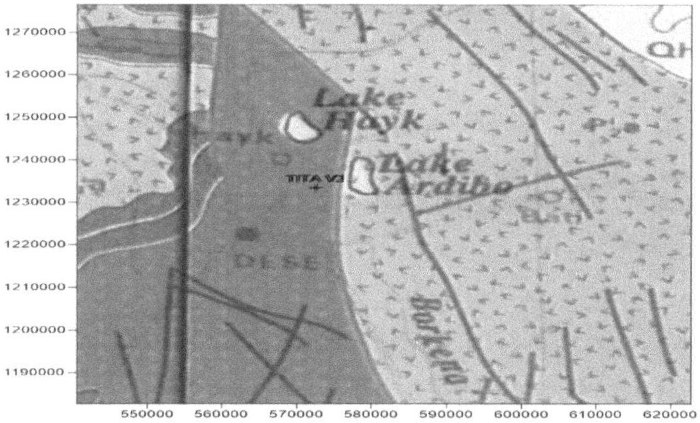

Rysunek 4 mapa geologiczna obszaru badań

Legenda

3. Zasada metod geoelektrycznych w badaniach geofizycznych

Teoria poszukiwań elektrycznych rozwija się na podstawie przepisów regulujących zachowanie się pól elektrycznych i elektromagnetycznych w jednorodnej ziemi przewodzącej, (Zhanov i Keller, 1998).

Trzy główne grupy metod eksploracji elektrycznej to metody elektromagnetyczne pola naturalnego, metody elektromagnetyczne ze źródłem kontrolowanym (CSEM) i metody prądu stałego (DC).metody prądu stałego obejmują pionowe sondowanie elektryczne (VES), profilowanie rezystywności, mapowanie rezystywności, a także zazwyczaj indukowaną polaryzację (metody IP).teoria dla metod prądu stałego jest rozwijana przy założeniu, że stosowane są stałe prądy, choć w rzeczywistości musimy założyć, że szybkość zmian prądu jest na tyle wolna, że nasze pomiary będą takie same jak te uzyskane z prawdziwym prądem stałym w granicy. Podstawą tej teorii są równania Maxa-Wella, które są matematycznym sformułowaniem prawa opisującego zachowanie się pól elektromagnetycznych. Dwie formy zachowania się pola elektromagnetycznego, które są najbardziej odpowiednie do wykorzystania w badaniach elektrycznych .Są to formy statyczne i quasi-stacjonarne (P. Kearey, 2002).

3.1 Statyczne pola elektromagnetyczne

Przepisując równania na statyczne pola elektromagnetyczne i biorąc pod uwagę zjawisko fizyczne, mamy pole elektryczne wytwarza prądy przewodzące (czasami nazywane także prądem galwanicznym), którym towarzyszy pole magnetyczne, ale pole magnetyczne ma teraz znaczny wpływ na pole elektryczne, jeśli nie ma prądu przewodzącego (jak wtedy, gdy ośrodek nie przewodzi).

3.1 Quasi-stacjonarne pola elektromagnetyczne

Quasi-stacjonarna forma zachowania się pola elektromagnetycznego jest charakterystyczna dla większości technik stosowanych w badaniach geoelektrycznych; występuje ona w warunkach, w których składniki pola elektromagnetycznego zmieniają się na tyle powoli, że druga pochodna w stosunku do czasu w równaniu pola może być ignorowana. Nie uwzględniamy dywergencji i wektora przemieszczenia "**D** μ" oraz przepuszczalności. Możemy więc stwierdzić, że w reżimie quasi-stacjonarnym pola elektromagnetyczne są niezależne od właściwości dielektrycznych ośrodka.

3.2 Odporność skał

Ohm (1827) opisał liniową zależność pomiędzy spadkiem napięcia i przepływem prądu, która zwykle istnieje, gdy materiał jest umieszczony w dowolnym polu elektromagnetycznym. Ten empirycznie obserwowany związek jest powszechnie nazywany prawem Ohma. S tała proporcjonalność, która wynika z prawa omowego, jest definiowana jako przewodność elektryczna ośrodka. Ponieważ zarówno natężenie pola elektrycznego E jak i gęstość prądu J są wielkością wektorową. Ilośćσ musi być tensor o randze 3, który w kartezjańskiej współrzędnej będzie miał dziewięć składników. Tensor przewodności jest symetryczny w tym sensie, że po przekątnej będzie miał symetrycznie równą wartość i tak dalej. Jeśli dwa z kierunków współrzędnych są wybrane tak, aby leżały w kierunku maksymalnej i minimalnej przewodności styczników, wszystkie terminy inne niż przekątna są zerowe, pozostawiając tylko trzy składniki wzdłuż przekątnej głównej W izotropowych (Zohdy, 19765)

materiał, wszystkie trzy podstawowe wartości przewodności są takie same, a w efekcie przewodność jest wielkością skalarną. W materiałach izotropowych, wektor pola elektrycznego i wektor gęstości prądu są współliniowe, przepływ prądu wzdłuż kierunku przyłożonego pola elektrycznego. W materiale anizotropowym, zdefiniowanym jako taki, w którym trzy podstawowe wartości współczynnika przewodności nie są równe .Gęstość prądu nie będzie płynąć w kierunku przyłożonego pola elektrycznego.

Przypadek kierunku występuje tylko wtedy, gdy pole elektryczne znajduje się bezpośrednio wzdłuż jednego z głównych kierunków przewodnictwa tensora, a izotropia jest zjawiskiem powszechnym w skałach i minerałach.

Jeśli zależność przewodnictwa od kierunku istnieje na poziomie molekularnym, mówi się, że izotropowość jest nieodłączna. Jednakże minerały izotropowe zagregowane w skale mogą wykazywać średnią zależność przewodności od kierunku przyłożonego pola i wydają się być anizotropowe luzem . Takie zachowanie jest określane jako anizotropowość strukturalna.

W skałach i minerałach jednorodność w jednej płaszczyźnie dwie z trzech głównych wartości równej przewodności. Prawie zawsze te dwie równe wartości to maksymalna przewodność materiału. Takie materiały nazywane są żyrotropikami.

3.3 Dopuszczalność dielektryczna

Max-well zdał sobie sprawę z konieczności wyjaśnienia sposobu przekazywania prądu zmiennego przez obwody nieciągłe, takie jak kondensatory. Opisał on pojawienie się przeciwstawnych ładunków na dwóch końcach obwodu nieciągłego jako elektryczne przemieszczenie, mierzone jako akumulacja ładunku na jednostkę powierzchni Q/A. Następnie postulował wprowadzenie równania składającego się z wielkości przemieszczenia do przyłożonej siły elektrycznej.

W odróżnieniu od przewodnictwa, dielektryczność ma dobrze określone wartości nawet w przypadku braku materii, wartość ta wynosi 8,854x10-12farad na metr. W geofizyce, IP wykorzystuje tę właściwość.

3.4 Pionowe sondowanie elektryczne i oporność pozorna

3.4.1 Konfiguracje elektrod i współczynniki geometryczne

Pionowe sondowanie elektryczne (VES) jest być może najczęściej stosowaną strategią w zastosowaniu metod elektrycznych prądu stałego. Bazuje ona na koncepcji, że struktura elektryczna ziemi może być opisana z jednowymiarową rezystywnością, z rezystywnością skały zmieniającą się tylko w zależności od głębokości z ziemią.

W rzeczywistości chcielibyśmy wierzyć, że poprzeczna zmiana oporności uziemienia jest powolna, że w dowolnym momencie, profil może być określony niezależnie od zmiany bocznej.zmiana boczna może być określona za pomocą serii pionowych sondowań elektrycznych wykonanych wzdłuż profilu na obszarze i interpretowane jako aktywa powoli zmieniających się.

Do dwóch elektrod zewnętrznych doprowadzany jest prąd zmienny, a różnice potencjałów na dwóch wewnętrznych są mierzone potencjometrem. Ponieważ potencjometr jest wbudowany w obwód elektrod prądowych, prąd przepływający przez potencjometr pochodzi z tego samego źródła co prąd płynący przez masę.

Zmienność napięcia zasilającego wpływa zarówno na potencjometr jak i na elektrodę prądową w równym stopniu, dlatego nie zakłóca równowagi. Na przestrzeni lat opracowano wiele takich standardowych tablic, z których każda ma rzekomo przewagę nad innymi.

W miarę zwiększania się odległości między elektrodami prądowymi, zwiększa się głębokość, na jaką prąd przenika. W przypadku separacji dipol - dipol uzyskuje się poprzez zwiększenie separacji międzypolowej, a nie poprzez wydłużenie dipola elektrody prądowej.większość tablic opiera się na zastosowaniu czterech elektrod.

Dwa styki elektrody, A i B, służą do pobierania prądu do masy, natomiast dwa pozostałe, M i N, służą do wykrywania spadku potencjału w masie. Cztery elektrody mogą być ułożone arbitralnie, a wartość oporności pozornej może być obliczona, znając tylko odległości elektrod, prąd i napięcie. W analizie pomiarów wykonywanych takimi tablicami przyjmiemy, że do gruntu w punkcie A wstrzykiwany jest prąd I, a niezależnie od tego prąd -I w punkcie B wstrzykiwany jest do gruntu.

Mierzymy napięcie U MN, w punktach M i N na powierzchni ziemi. Napięcie zgodnie z prawem Ohma, będzie proporcjonalne do siły prądu, I i zależy od właściwości elektrycznych ziemi

Wektor E znajduje się bezpośrednio wzdłuż wektora promienia łączącego punkt A z M. Wyznaczając wektor A do M na r , można zapisać pole elektryczne, ponieważ należy unikać tworzenia wrażenia, że głębokość badania jest związana wyłącznie z rozdzieleniem elektrod. Ważne jest, aby znać teorię wzajemności. Twierdzenie to jest absolutnie zasadne. Stwierdza ono, że gdyby zamienić rolę dwóch elektrod prądowych "A" i "B" z rolą odgrywaną przez elektrody pomiarowe "M" i "N", nie byłoby zmiany mierzonych wielkości, prądu i napięcia. Nieważne, jaka jest struktura geoelektryczna ziemi. Głębokość badania geoelektrycznego sondowania jest związana z wieloma rzeczami, a nie tylko z geometrią sondowania. Zapisanie wyrażenia na oporność pozorną mierzoną za pomocą idealnej tablicy schlumberger, w której następuje przybliżenie. Często twierdzimy, że stosujemy te współczynniki do pomiaru składowej pola elektrycznego w O, w niektórych modelach badana jest interpretacja połowy znaczącego błędu w porównywaniu zmierzonego pola elektrycznego z obliczonym polem elektrycznym.

Zmierzone pole elektryczne dla ogólnego układu czteroelektrodowego i jednorodnego uziemienia z rezystywnością oraz odwrócenie tego wyrażenia w celu uzyskania roztworu dla rezystywności w postaci pól wielkości mierzonych. W świecie rzeczywistym jedyną cechą charakterystyczną pola, którą możemy zmierzyć jest spadek napięcia pomiędzy dwoma stykami elektrod. Potencjał i pole elektryczne to idealizowane pojęcia matematyczne, których nie da się dokładnie zmierzyć.

4 Całkowite pomiary pola magnetycznego

Magnetometr precesyjny protonowy jest urządzeniem stosowanym głównie w geofizycznych badaniach poszukiwawczych, a więc mierzy tylko wielkość całkowitego pola magnetycznego w funkcji pozycji. Badania prowadzone za pomocą magnetometru precesyjnego protonowego nie mają możliwości określenia kierunku całkowitego pola w funkcji lokalizacji. Ignorując na razie czasowo zmienny udział w rejestrowanym polu magnetycznym spowodowany zewnętrznym polem magnetycznym, pole magnetyczne rejestrowane za pomocą naszego magnetometru precesyjnego protonowego ma dwa składniki:

Główne pole magnetyczne, lub ta część ziemskiego pola magnetycznego generowanego przez głębokie (zewnętrzne) źródła. Kierunek i wielkość tej składowej pola magnetycznego w pewnym miejscu na powierzchni Ziemi przedstawia wektor oznaczony ***Fe*** na rysunku 5.

Anormalne pole magnetyczne, lub ta część ziemskiego pola magnetycznego spowodowana magnetyczną indukcją skał skorupiastych lub remanentną magnetyzacją skał skorupiastych. Kierunek i wielkość tej składowej pola magnetycznego jest reprezentowana przez wektor oznaczony *Fa* na rysunku 5.

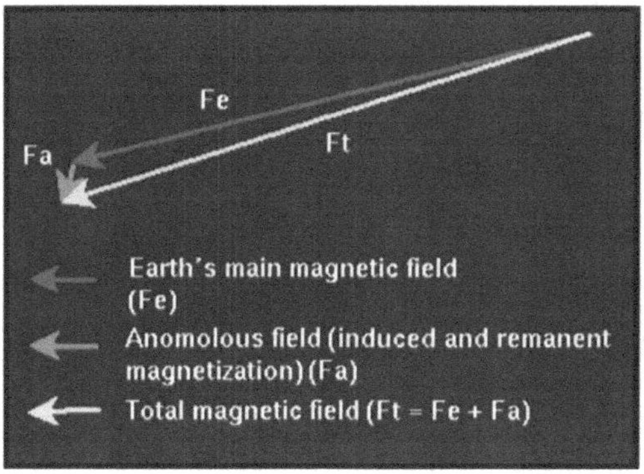

Rysunek 5 Całkowity wektor magnetyczny

4.1 Właściwości magnetyczne ciał stałych

Materiały mogą być klasyfikowane poprzez ich reakcję na zewnętrznie stosowane pola magnetyczne jako diamagnetyczne, paramagnetyczne lub ferromagnetyczne. Te reakcje magnetyczne różnią się znacznie pod względem siły. Diamagnetyzm jest właściwością wszystkich materiałów i przeciwstawia się przyłożonym polom magnetycznym, ale jest bardzo słaby. Paramagnetyzm, gdy jest obecny, jest silniejszy od diamagnetyzmu i wytwarza namagnesowanie w kierunku przyłożonego pola, i proporcjonalne do przyłożonego pola. Efekty ferromagnetyczne są bardzo duże, produkując namagnesowanie kilka razy o rząd wielkości większy niż stosowane pole i jako takie są znacznie większe niż efekty magnetyczne lub paramagnetyczne.namagnesowanie materiału jest wyrażona w postaci gęstości netto momentów dipolowych magnetycznych w materiale. Wielkość wektora nazywaną magnesowaniem M definiujemy przez

$M = \mu total/V$

Następnie całkowite pole magnetyczne B w materiale jest podawane przez

$B = B_o + \mu o M$

gdzie μo to przenikalność magnetyczna przestrzeni, a B_o to przyłożone na zewnątrz pole magnetyczne. Kiedy pola magnetyczne wewnątrz materiałów są obliczane przy użyciu prawa Ampere'a lub prawa Biot-Savart'a, wtedy μo w tych równaniach jest zwykle zastępowane przez zaledwie μ z definicją, gdzie Km jest nazywane względną przenikalnością. Jeśli materiał nie reaguje na zewnętrzne pole magnetyczne wytwarzając jakiekolwiek namagnesowanie, wówczas Km = 1.

Inną powszechnie stosowaną wielkością magnetyczną jest podatność magnetyczna która określa, jak bardzo względna przepuszczalność różni się od jednej.

Wrażliwość magnetyczna $\chi m = Km - 1$

W przypadku materiałów paramagnetycznych i diamagnetycznych względna przepuszczalność jest bardzo wysoka.

blisko 1, a podatność magnetyczna bardzo bliska zeru.

W przypadku materiałów ferromagnetycznych wielkości te mogą być bardzo duże.Innym sposobem radzenia sobie z polami magnetycznymi powstającymi w wyniku namagnesowania materiałów jest wprowadzenie wielkości zwanej natężeniem pola magnetycznego H . Może on być zdefiniowany przez zależnośćH = $B_o/\mu_o = B/\mu o - M$ i posiada wartość jednoznacznie wyznaczającą wpływ magnetyczny napędzający z prądów zewnętrznych w materiale, niezależnie od reakcji magnetycznej materiału. Zależność dla B powyżej może być zapisana w równoważna forma

$B = \mu o(H + M)$

H i M będą miały te same jednostki, amperometry/metry.

Materiały ferromagnetyczne ulegną niewielkiej mechanicznej zmianie, gdy stosowane są pola magnetyczne, rozszerzające się lub lekko kurczące.

Efekt ten nazywany jest magnetostrykcją. Ruch orbitalny elektronów tworzy maleńkie atomowe pętle prądowe, które wytwarzają pola magnetyczne. Kiedy zewnętrzne pole magnetyczne jest przyłożone do amaterialu, te pętle prądowe będą miały tendencję do wyrównywania się w taki sposób, aby przeciwstawić się przyłożonemu polu. Może to być postrzegane jako atomowa wersja prawa Lenza: indukowane pola magnetyczne mają tendencję do przeciwstawiania się zmianom, które je stworzyły. Materiały, w których ten efekt jest jedyną reakcją magnetyczną nazywane są diamagnetyczne. Wszystkie materiały są z natury diamagnetyczne, ale jeśli atomy mają jakiś magnetyczny moment netto, jak w materiałach paramagnetycznych, lub jeśli istnieje duży zasięg uporządkowania atomowych momentów magnetycznych, jak w materiałach ferromagnetycznych, te silniejsze efekty są zawsze dominujące. Diamagnetyzm jest szczątkowym zachowaniem magnetycznym, gdy materiały nie są ani paramagnetyczne ani ferromagnetyczne. Każdy przewodnik będzie wykazywał silny efekt magnetyczny w obecności zmieniających się pól magnetycznych, ponieważ w przewodniku będą generowane prądy krążące, które przeciwstawią się zmianom pola magnetycznego. Nadprzewodnik będzie doskonałym diamentem, ponieważ nie ma oporu przy formowaniu się prądu
pętle (https://en.m.wikipedia.org>wiki>magn).

5 Praktyczne prace geofizyczne

5.1 Materiały i metody

Instrumenty geofizyczne stosowane w tym badaniu to dwa rodzaje. Pierwszy typ to kanadyjski magnetometr precesyjny Scintrex EVI VLF Proton, a drugi to szwedzki terametr konwencjonalny ABEM LS. Całkowite pomiary magnetyczne podłoża lądowego i pionowe sondowania elektryczne macierzy firmy Schlumberger to dwie ważne techniki geofizyczne, które były wykorzystywane do badań podpowierzchniowych. Geoelektryczne techniki opornościowe są popularnymi i udanymi badaniami geofizycznymi w celu zbadania warunków wód gruntowych na świecie. Oporność materiałów zależy od wielu czynników, takich jak woda gruntowa, nasycenie zasoleniem, litologia warstwy wodonośnej i porowatość. Gdy przewodność elektryczna warstwy wodonośnej jest wysoka, oporność warstwy wodonośnej może osiągnąć taki sam zakres jak medium ilaste, a parametr oporności nie jest już przydatny do określenia warstwy wodonośnej. (J.M. Vouillamoz, 2007). Metoda ta została jednak z powodzeniem zastosowana do badań wód gruntowych oraz do określenia głębokości i charakteru aluwium, granic i lokalizacji warstwy wodonośnej.

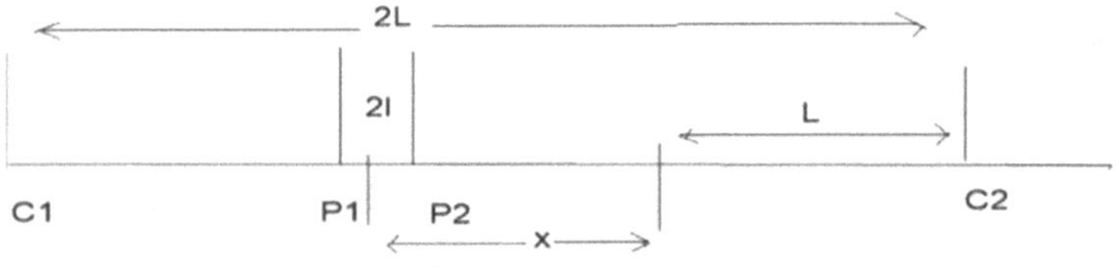

Schlumberger array

Rozwiązanie dla firmy Schlumberger rozprzestrzenia się, gdy jest $x = 0, r_1 = r_4 = L - l, r_2 = r_3 = L + l$

$$\rho_a \approx \rho_1 \left[1 + 2 \sum_{m=1}^{\infty} \left[\frac{k^m}{\{1 + (2mz/L)^2\}^{3/2}} \right] \right] \text{..............................(1)}$$

$$\rho_1 [1 + 2D_s'] \text{..(2)}$$ [9].

Aby zrozumieć, jak geofizycy matematycznie opisują pole geomagnetyczne pochodzenia wewnętrznego, stosujemy się do Gaussa i pomijamy współczynniki pola zewnętrznego. Sferyczne funkcje harmoniczne, które opisują zmienność potencjału na powierzchni sferycznej, są następnie zapisywane w formie rozszerzonej. Potencjał W pola pochodzenia wewnętrznego staje się większy w porównaniu z zewnętrznym pochodzeniem, R jest promieniem Ziemi, jak poprzednio, i są nazywane wielomianami Schmidta, które są związane z powiązanymi wielomianami Legendre. Odnosi ona potencjał mierzonego pola do potencjałów poszczególnych kombinacji biegunów magnetycznych. Stałe i w potencjale geomagnetycznym nazywane są współczynnikami Gaussa (lub Gaussa-Schmidta) rzędu n i stopnia m. Mają one takie same wymiary (nT) jak pole B. Ich wartości są obliczane na podstawie analizy pomiarów pola geomagnetycznego. Dane z kilku źródeł są zintegrowane w nowoczesnych analizach pola magnetycznego Ziemi. Do zarania ery satelitarnej, ciągłe zapisy w obserwatoriach magnetycznych były głównym źródłem danych geomagnetycznych. Określono średnie wartości elementów geomagnetycznych, na podstawie których można uzyskać optymalne wartości współczynników Gaussa. Obecnie około 200 stałych obserwatoriów dokonuje ciągłych pomiarów pola. Jednak satelity krążące wokół Ziemi na niskich, bliskich orbitach polarnych dostarczają obecnie większość wysokiej jakości danych wykorzystywanych do modelowania pola.

Geofizyka polarna uruchomiona w 1965 roku jako pierwsza dostarczyła pomiary polowe, ale największy postęp nastąpił wraz z satelitą pola magnetycznego (MAGSAT), który dostarczył wysokiej jakości dane podczas sześciomiesięcznej misji w latach 1979-1980. W 1979 roku duński satelita ØRSTED został umieszczony na eliptycznej, niskobiegunowej orbicie, o wysokości od 650 km do 865 km. Miał on magnetometr wektorowy i magnetometr pola całkowitego, każdy o czułości 0,5 nT; misja była poświęcona badaniu pola geomagnetycznego. Niemiecki satelita CHAMP został wystrzelony w 2000 r. na niższą, prawie okrągłą orbitę w ramach planowanej pięcioletniej misji. Oprócz pomiaru pola grawitacyjnego, satelita ten został również wyposażony do wykonywania skalarnych i wektorowych pomiarów pola magnetycznego. Niska orbita i ulepszone oprzyrządowanie zostały zaprojektowane w celu zapewnienia pomiarów magnetycznych o wysokiej rozdzielczości. W zasadzie do całkowitego zdefiniowania pola potrzebna byłaby nieskończona liczba współczynników Gaussa. Współczynniki uporządkowania i stopień 8 i wyższy są bardzo małe, a obliczanie współczynników Gaussa musi być zazwyczaj obcięte (William Lowerie, 2007).

Globalny model pola jest dostarczany przez Międzynarodowe Geomagnetyczne Pole Referencyjne (IGRF), które jest oparte na współczynnikach do n=10, chociaż zostały przeprowadzone analizy wyższego rzędu. Jest on aktualizowany w regularnych odstępach czasu. IGRF podaje również tempo zmian każdego ze współczynników Gaussa (jego świecką zmienność), co pozwala na korektę bieżących wartości pomiędzy latami aktualizacji. Współczynniki Gaussa zmniejszają się wraz ze wzrostem rzędu n; spadek ten pozwala na oszacowanie pochodzenia pola wewnętrznego. Analiza ta obejmuje technikę zwaną analizą spektralną mocy. Odległość w poprzek danej cechy pola magnetycznego (na przykład obszar, w którym pole jest silniejsze od średniej) nazywana jest długością fali danej cechy. Podobnie jak w przypadku anomalii grawitacyjnych, głęboko osadzone źródła magnetyczne wytwarzają szerokie (długie fale) anomalie magnetyczne, natomiast płytkie źródła powodują anomalie wąskie (krótkie fale). Analiza spektralna polega na obliczeniu mocy (zwanej alternatywnie gęstością energii) związanej z każdą "częstotliwością" w sygnale. Uzyskuje się to poprzez obliczenie sumy kwadratów wszystkich współczynników o tej samej kolejności. W przypadku pola geomagnetycznego, analiza spektralna opiera się na wartościach współczynników Gaussa. Częstotliwość przestrzenna dowolnej części obserwowanego pola jest zawarta w kolejności n współczynników. Terminy niskiego rzędu (te z małymi wartościami n) odpowiadają cechom długiej fali, terminy wysokiego rzędu są związane z cechami krótkiej fali. Pomiary pola geomagnetycznego z satelity MAGSAT na średniej wysokości 420 km nad powierzchnią Ziemi zostały przeanalizowane pod kątem uzyskania współczynników Gaussa na zamówienie n=66, przy czym specjalne techniki przywoływane są dla zamówień n.

Aby określić wektor indukcji magnetycznej **B** na powierzchni ziemi musimy przeprowadzić analizę harmoniczną obserwowanych danych. Skalarny potencjał magnetyczny wywołany przez prąd wewnątrz ziemi można wyrazić w następujący sposób

$$V_M^{inside} = R\sum_{n=1}^{\infty}\sum_{m=0}^{n}\left(\frac{R}{r}\right)^{n+1} P_n^m(\cos\theta)\left[g_n^m.\cos(m\lambda) + h_n^m.\sin(m\lambda)\right]......................(3)$$

Gdzie r,θ i λsą to współrzędne geograficzne sfery, odległość radialna, szerokość geograficzna i długość wschodnia. Za pomocą tej funkcji skalarnego potencjału magnetycznego można obliczyć teoretyczne pole magnetyczne otoczenia. (Telford, 1976)

5.2 Badania magnetyczne

Namagnesowanie skorupy ziemskiej, terminy wysokiego rzędu w spektrum gęstości energii pola geomagnetycznego są związane z namagnesowaniem skał skorupowych. Badania magnetyczne mogą zatem dostarczyć ważnych danych na temat struktur geologicznych. Analogicznie do anomalii grawitacyjnych definiujemy anomalię magnetyczną jako różnicę pomiędzy zmierzonym (i odpowiednio skorygowanym) polem magnetycznym Ziemi a tym, które byłoby oczekiwane od międzynarodowego geomagnetycznego pola odniesienia. Anomalia magnetyczna wynika z kontrastu w namagnesowaniu, gdy skały o różnych właściwościach magnetycznych przylegają do siebie, jak na przykład, gdy silnie magnetyczny wał bazaltowy wbije się w mniej magnetyczną skałę macierzystą. Błądzące pola magnetyczne otaczające wał zakłócają lokalnie pole geomagnetyczne i mogą być mierzone za pomocą czułych przyrządów zwanych magnetometrami. Każde ziarno minerału w skale może być sklasyfikowane jako posiadające właściwości diamentowe, paramagnetyczne lub ferromagnetyczne. Gdy skała znajduje się w polu magnetycznym, wyrównanie momentów magnetycznych przez pole wytwarza indukowane namagnesowanie (Mi) 320 Geomagnetyzm i paleomagnetyzm proporcjonalny do pola, przy czym stałą proporcjonalności jest podatność magnetyczna, która może mieć szeroki zakres wartości w skałach. Pole geomagnetyczne jest w stanie wytworzyć odpowiednio szeroki zakres indukowanych magnetyzacji w zwykłych skałach skorupowych. Kierunek indukowanego namagnesowania jest równoległy do ziemskiego pola magnetycznego w skale. Każda skała zawiera zazwyczaj niewielką ilość minerałów ferromagnetycznych. Jak widzieliśmy, ziarna te mogą zostać trwale namagnesowane podczas formowania się skały lub przez jakiś późniejszy mechanizm. Remanentowe namagnesowanie (Mr) skały nie jest związane z obecnym polem geomagnetycznym, ale jest związane z polem magnetycznym Ziemi w geologicznej przeszłości. Jego kierunek jest zwykle inny niż na obecnym polu. W związku z tym kierunki działania pana i Mi nie są na ogół równoległe. Kierunek Mi jest taki sam jak na obecnym polu, ale kierunek pana często nie jest znany, chyba że można go zmierzyć w próbkach skał. Całkowite namagnesowanie skały jest sumą remanentnych i indukowanych namagnesowań. Ponieważ mają one różne kierunki, muszą być połączone jako wektory. Kierunek wynikowego namagnesowania skały nie jest równoległy do pola geomagnetycznego. Jeśli natężenia pana i Mi są podobne, trudno jest zinterpretować całkowite namagnesowanie. Na szczęście w wielu ważnych sytuacjach pan i pan Mi są na tyle różni, że pozwalają na pewne założenia upraszczające. Względne znaczenie remanentnych i indukowanych części magnesowania wyraża się w stosunku Königsbergbergera (Qn), zdefiniowanym jako stosunek intensywności remanentnego magnesowania do indukowanego magnesowania (tj. QnMr/Mi). Dwie sytuacje są szczególnie interesujące.

Pierwszym jest sytuacja, gdy Qn jest bardzo duża (tzn. Qn1). W tym przypadku całkowite namagnesowanie jest zdominowane przez składnik resztkowy, a jego kierunek jest zasadniczo równoległy do pana oceanicznych bazaltów, tworzonych przez wytłaczanie i szybkie chłodzenie podwodne na grzbietach oceanu, są przykładem skał o wysokim współczynniku Qn. Ze względu na szybkie gaszenie roztopionej lawy tytanomagnetytowej powstają ziarna o strukturze szkieletowej i bardzo drobnych ziarnach. Bazalty oceaniczne posiadają silne termo remanentne namagnesowanie i często mają wartości Qn równe lub większe niż 100. Ułatwia to interpretację oceanicznych anomalii magnetycznych, ponieważ w wielu przypadkach indukowany składnik może być pominięty, a namagnesowanie skorupiaków można interpretować tak, jakby było całkowicie remanentne. (Lowerie, Fundamental geophysics, 2007). Można wtedy założyć, że magnesowanie jest całkowicie indukowane i zorientowane równolegle do kierunku dzisiejszego pola geomagnetycznego w miejscu pomiaru, który jest zwykle znany. Ułatwia to zaprojektowanie modelu w celu interpretacji cechy odpowiedzialnej za anomalię magnetyczną. Przyrząd używany do pomiaru pola magnetycznego nazywany jest magnetometrem. Do lat czterdziestych XX wieku magnetometry były przyrządami mechanicznymi, które równoważyły moment obrotowy pola magnetycznego na drobno zbalansowanej igle kompasu z siłą przywracającą dostarczaną przez grawitację lub przez skręcanie w włóknie zawieszenia. Rodzaje wag były uciążliwe, delikatne i powolne w działaniu. Dla zapewnienia optymalnej czułości zostały one zaprojektowane do pomiaru zmian w wybranej składowej pola magnetycznego, najczęściej pola pionowego. Ten typ magnetometru został zastąpiony przez bardziej czułe, solidne instrumenty elektroniczne. (Lowerie, Fundamentals of Geophysics, 2007).

5.2.1 Przeznaczenie i analiza Badania magnetyczne

Celem badań magnetycznych jest zidentyfikowanie i opisanie regionów skorupy ziemskiej, w których występują nietypowe (anomalne) namagnesowania. W dziedzinie stosowanej geofizyki anormalne namagnesowania mogą być związane z lokalną mineralizacją, która potencjalnie może mieć znaczenie komercyjne, lub mogą być spowodowane podpowierzchniowymi strukturami mającymi wpływ na lokalizację złóż ropy naftowej. W geofizyce globalnej, badania magnetyczne nad grzbietami oceanicznymi dostarczyły istotnych wskazówek, które doprowadziły do teorii tektoniki płyt i ujawniły historię polaryzacji ziemskiego pola magnetycznego od czasów wczesnej Jury. Pomiary magnetyczne polegają na (1) pomiarze naziemnego pola magnetycznego w określonych punktach, (2) korygowaniu pomiarów o znane zmiany oraz (3) porównywaniu wynikowej wartości pola z wartością oczekiwaną w każdej stacji pomiarowej. Oczekiwaną wartością pola w dowolnym miejscu jest wartość międzynarodowego pola odniesienia magnetycznego (IGRF). Różnica między obserwowanymi i oczekiwanymi wartościami jest anomalią magnetyczną.

5.3 Magnetometr protonowo-precesyjny

Od II wojny światowej czułe magnetometry są projektowane wokół właściwości kwantowo-mechanicznych Rysunek 6. Magnetometr protonowo-precesyjny polega na tym, że jądro atomu wodoru, proton, posiada moment magnetyczny proporcjonalny do momentu obrotowego jego spinu. Ponieważ pęd kątowy jest kwantyfikowany, moment magnetyczny protonu może mieć tylko określone wartości, które są wielokrotnością podstawowej jednostki zwanej jądrowym magnetonem. Sytuacja jest analogiczna do kwantyzacji momentu magnetycznego związanego ze spinem elektronowym, dla którego podstawową jednostką jest magneton Bohra. Stosunek momentu magnetycznego do momentu pędu wirowego nazywany jest stosunkiem gyromagnetycznym. Magnetometr protonowo-precesyjny jest prosty i solidny w konstrukcji. Czujnik przyrządu składa się z kolby zawierającej ciecz bogatą w proton, taką jak woda. Wokół kolby nawinięta jest cewka magnetyzująca i cewka detektora; niektóre konstrukcje używają tego samego cewki na przemian do magnesowania i wykrywania. Gdy prąd w cewce magnetycznej jest włączony, wytwarza on pole magnetyczne rzędu 10 mT, które jest około 200 razy silniejsze od pola ziemskiego.

(a) Pierwotne i wtórne obwody elektryczne obejmują cewki owinięte wokół równoległych pasm mumetalowych w przeciwnych i podobnych zmysłach, odpowiednio. (b) Sygnał wyjściowy w polu magnetycznym jest proporcjonalny do szybkości netto zmian strumienia magnetycznego w pasmach Mumetal (za Militzer i in., 1984). Pole magnetyzujące wyrównuje momenty magnetyczne protonów wzdłuż osi cewki, która jest zorientowana w przybliżeniu na wschód-zachód pod kątem prostym do pola ziemskiego. Po przerwaniu pola magnetycznego, momenty magnetyczne wirów protonów reagują na parę wywieraną na nie przez ziemskie pole magnetyczne. Podobnie jak u dzieci, które wirują w polu grawitacyjnym, momenty magnetyczne protonów predysponują je do kierunku pola magnetycznego otoczenia. Robią to w tempie znanym jako precesyjna częstotliwość Larmor. Ruch momentów magnetycznych indukuje sygnał w cewce detektora. Wywołany sygnał jest wzmacniany elektronicznie, a częstotliwość precesyjna jest dokładnie mierzona poprzez liczenie cykli przez kilka sekund. Siła Bt mierzonego pola magnetycznego jest wprost proporcjonalna do częstotliwości sygnału (*f*) i jest podana przez (5.43) natężenie ziemskiego pola magnetycznego jest w zakresie 30,000-60,000 nT. Odpowiednia częstotliwość precesyjna wynosi w przybliżeniu 1250-2500 Hz, co znajduje się w zakresie częstotliwości audio. Dokładny pomiar częstotliwości sygnału Bt 2 gp f daje czułość instrumentalną około 1 nT, ale wymaga kilku sekund obserwacji. Chociaż daje on bezwzględną wartość pola, magnetometr protonowo-precesyjny nie daje ciągłego zapisu. Jego przenośność i prostota dają mu korzyści w użytkowaniu w terenie. Magnetometry z bramką topnikową i magnetometry protonowo-precesyjne są szeroko stosowane w pomiarach magnetycznych. Te dwa instrumenty mają porównywalną wrażliwość 0,1-1 nT. W przeciwieństwie do przyrządu bramki topnikowej, który mierzy składową pola wzdłuż swojej osi, magnetometr protonowo-precesyjny nie może mierzyć składowych pola; jest magnetometrem o całkowitym polu. Całkowite pole Bt jest wektorową sumą ziemskiego pola magnetycznego BE i zabłąkanego pola magnetycznego B, powiedzmy, ciała rudego.

(b) Generalnie, tak aby kierunek całkowitego pola nie odbiegał daleko od pola ziemskiego. W niektórych zastosowaniach właściwe jest często uznanie zmierzonej całkowitej anomalii pola jako projekcji !B wzdłuż kierunku pola Ziemi. Do lądowych pomiarów magnetycznych najczęściej stosowanym magnetometrem jest magnetometr precesyjny protonowy. W przeciwieństwie do magnetometru fluxgate, magnetometr precesyjny protonowy mierzy jedynie całkowitą amplitudę (wielkość) ziemskiego pola magnetycznego. Tego typu pomiary określane są zazwyczaj jako całkowite pomiary terenowe (Lowerie, 2007).

Poniżej przedstawiono schemat magnetometru precesyjnego protonowego.

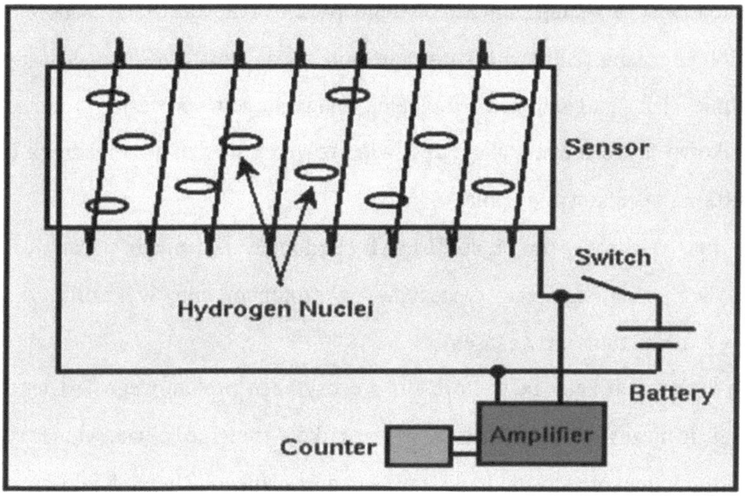

Rysunek 6 Magnetometr precesyjny protonowy

Elementem czujnika magnetometru precesyjnego protonowego jest cylindryczny zbiornik wypełniony cieczą bogatą w atomy wodoru otoczony cewką. Powszechnie stosowane płyny obejmują wodę, naftę i alkohol. Czujnik jest połączony kablem z małym urządzeniem, w którym znajduje się zasilacz sieciowy, przełącznik elektroniczny, wzmacniacz i licznik częstotliwości. Po zamknięciu przełącznika prąd stały dostarczany przez akumulator jest kierowany przez cewkę,

wytwarzające stosunkowo silne pole magnetyczne w cylindrze wypełnionym cieczą. Jądra wodoru (protony), które zachowują się jak wirujące magnesy dipolowe, ustawiają się wzdłuż kierunku przyłożonego pola (tj. wzdłuż osi cylindra). Następnie zasilanie jest odłączane od cewki przez otwarcie wyłącznika. Ponieważ ziemskie pole magnetyczne generuje moment obrotowy na wyrównanym poziomie,

Wirujące jądra wodoru, zaczynają precesję* wokół kierunku całkowitego pola ziemskiego. Precesja ta wytwarza zmienne w czasie pole magnetyczne, które indukuje niewielki prąd zmienny w cewce. Częstotliwość prądu przemiennego jest równa częstotliwości precesji jądra. Ponieważ częstotliwość precesji jest proporcjonalna do natężenia całkowitego pola i ponieważ stała proporcjonalności jest dobrze znana, całkowite natężenie pola może być określone dość dokładnie. Podobnie jak magnetometr fluxgate, magnetometr precesji protonowej jest stosunkowo łatwo toconstrukcji. Jest więc również stosunkowo niedroga (5.000$ - 10.000$). Siła całkowitego pola

może być mierzona do około 0,1 nT. Podobnie jak magnetometry z bramką topnikową, magnetometry precesyjne z protonem nie wykazują znaczącego dryfowania instrumentu z czasem.

Jedną z ważnych zalet magnetometru precesyjnego protonowego jest jego łatwość obsługi i niezawodność. Orientacja czujników musi być ustawiona tylko pod wysokim kątem w stosunku do pola magnetycznego Ziemi. Nie jest potrzebna dokładna niwelacja ani orientacja. Jeśli jednak pole magnetyczne zmieni się gwałtownie z miejsca na miejsce (większe niż około 600 NT/m), różne części cylindrycznego czujnika będą pod wpływem pól magnetycznych o różnych wielkościach, a odczyty ulegną poważnej degradacji. Może to nastąpić na przykład w przypadku, gdy czujnik jest umieszczony w pobliżu materiału podatnego na działanie czynników magnetycznych. Wreszcie, ponieważ sygnał generowany przez precesję jest niewielki, instrument ten nie może być stosowany w pobliżu źródeł zasilania AC. *Precesja to ruch, jakiego doświadcza top, gdy się kręci i "chwieje". Ze względu na ziemskie pole grawitacyjne, wierzchołek, którego oś wirowania nie jest równoległa do kierunku grawitacji, nie tylko obraca się wokół swojej osi wirowania, ale także obraca się wokół kierunku pionowego. Ten obrót górnej *osi obrotu* jest określany jako

5.4 Pozyskiwanie i interpretacja danych

Kanadyjski magnetometr precesyjny Scintrex EVI VLF Proton został wykorzystany do przeprowadzenia całkowitego pomiaru pola magnetycznego wzdłuż profilu od części SW do kierunku NE. Teoretyczna wartość pola magnetycznego Tita jest obliczana, która jest równa

F=36367nT, **D=2**,36o Wschodu i **I=7**,95o Down

Wartości te są niezbędnymi parametrami do pomiaru dokładnych wartości pola magnetycznego. Scintrex ma specjalną konfigurację do badania różnych zadań, takich jak archeologia, minerały, ropa naftowa i woda. Korekta ta, mająca na celu inne cele badawcze, została zastosowana do celów badania wód gruntowych. W badaniu tym wybrano całkowity pomiar magnetyczny dla wód podziemnych. Zebrane dane są wykreślone na rysunku 5.

Oprócz Scintrex'a zastosowano najnowszy przyrząd szwedzki ABEM Terrameter LS, który może mierzyć spadek napięcia w mikrowolcie z dużą dokładnością, w celu przeprowadzenia pomiaru rezystywności w dwóch różnych punktach wybranych z profilowania magnetycznego.Titav1 jest prowadzony przy wysokiej odpowiedzi magnetycznej 36540,7nT w punkcie 600m i przy niskiej odpowiedzi magnetycznej Titav2 36410,3nT 250m w punkcie z pozycji początkowej.

6 Omówienie wyników

Dane dotyczące pola magnetycznego zostały przeanalizowane przy użyciu australijskiego oprogramowania do przetwarzania magnetycznego w trybie demo w wersji 4.09 2, a dane dotyczące pola oporności zostały przeanalizowane przez IX1Dv2.2Interpex Limited Golden Colorado USA licencjonowanego oprogramowania i moskiewskiego stanu uniwersyteckiego freeware IPI2win(2008).Są to najpotężniejsze produkty softwarowe i wysoce interaktywne. Potentat może dostarczyć wiele modeli matematycznych, ale z dwoma podzbiorami dla trybu demo. W tym badaniu ograniczenia nie miały wpływu na tę pracę. Ponieważ kierunek uderzeń skały dennej oraz oszacowanie jej miąższości wyznaczono za pomocą pseudo-przekrojowej, pionowej transformacji pochodnej. Jedynym zadaniem było więc uzyskanie możliwej struktury skały macierzystej, przypominającej kształtem pseudo-sekcję pionowej transformacji pochodnej. Aby zadanie było jasne i proste dla czytelnika, omówienie wyników zostało opisane jako Analiza i interpretacja jakościowa, Analiza i interpretacja półjakościowa oraz Analiza i interpretacja jakościowa.

6.1 Analiza i interpretacja danych jakościowych

6.1.1 Dane dotyczące pola magnetycznego

Dane o położeniu pola magnetycznego zostały zapisane w układzie współrzędnych UTM, a układ odniesienia to kartezjański układ Adindana Etiopii jako [x, y, z], jak pokazano poniżej. Od [572859, 1233748, 2446] do [572017, 1233249, 2470] o długości 780 m z odstępem 10 m. Dane przedstawione na rysunku 5 wskazują, że dwie różne reakcje na [20m, 650m] mają wysoką reakcję, a [200m, 400m] niską. Mimo, że interpretacja metodą magnetyczną jest najbardziej złożoną metodą geofizyczną [15], możliwe jest uzyskanie informacji z wykresu, że wzdłuż danego profilu można wygenerować wieloboczny model pryzmatyczny. Z profilu magnetycznego dwa różne wartości szczytowe są wybierane do przewodzenia i wyodrębnienia na podstawie wyników geofizycznych reakcji oporności, że dwa pionowe elektryczne brzmiące Tita V1 i TitaV2 Schlumberger konfiguracji prowadzone. Przy innej reakcji magnetycznej na tym profilu, można łatwo zidentyfikować pionową stację sondowania oporności elektrycznej (VES). Tak, że górny szczyt I dla Tity V1 i dolny szczyt II dla Tity V2. Poza wyborem stacji VES, prostą obserwacją na wykresie, szczątkową anomalią magnetyczną można by wykorzystać do wytyczenia płytkiej powierzchniowej struktury geologicznej, np. w punkcie "A" może być reakcja strumienia powierzchniowego, w punkcie "B" i "D" bardzo płytkiej struktury wału.

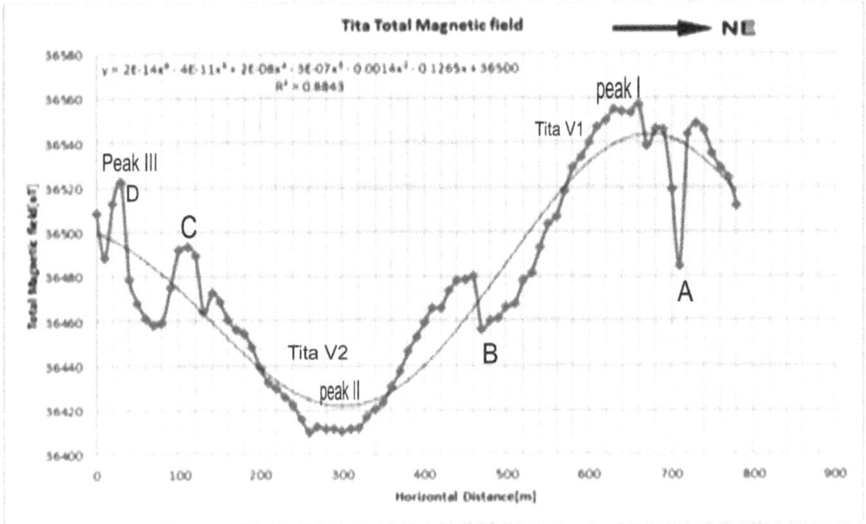

Rys. 7 danych o zmierzonym polu magnetycznym

6.1.2 Sekcja pseudo geoelektryczna

Na podstawie wyników profilowania magnetycznego przeprowadzono pionowe sondowania elektrooporowe (VES) TITAV1 i TITAV2. Pseudo-sekcja danych VES została wykreślona jak pokazano na rysunku 6. Pseudo-sekcja wskazuje, że wartości oporności pozornej wzrastały wraz z głębokością zarówno w części NE jak i SW pseudo-sekcji. Płytka głębokość pseudo-sekcji może być odpowiedzią nieskonsolidowanego złoża aluwialnego, które może być jedną z grubych części pseudo-sekcji w pseudo-głębokości.≥ 316m. Ponadto wysoka pozorna reakcja może być reakcją skał piwnicznych.

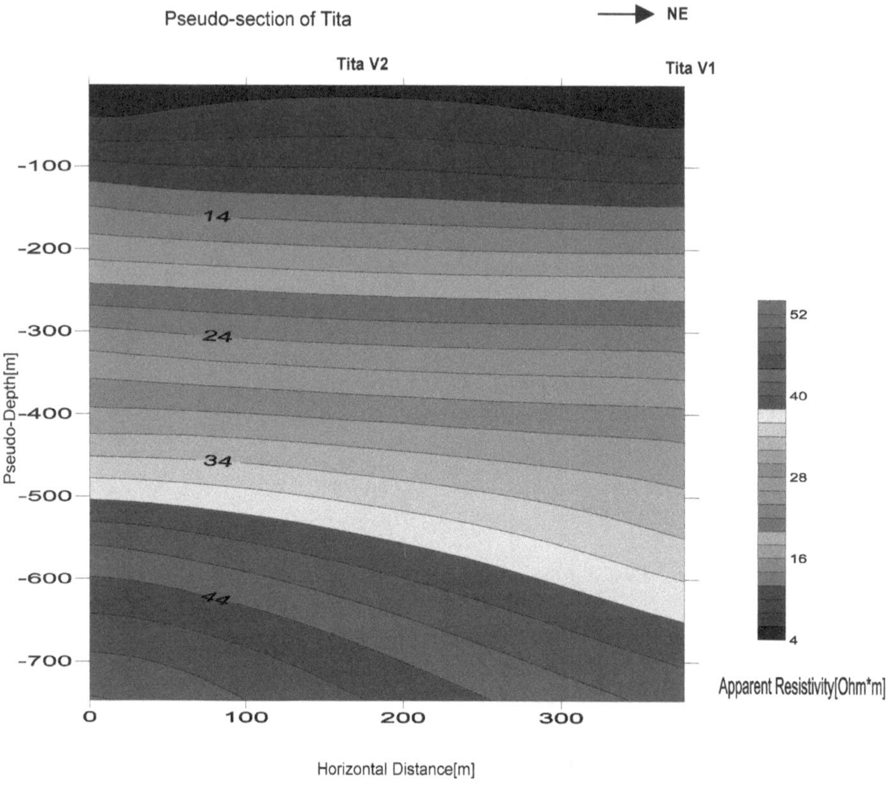

Rysunek 8 Geoelektryczny pseudo przekrój badanego obszaru

6.1.3 Półjakościowa analiza i interpretacja danych

Wartości pseudo-sekcjonalnych pionowych przekształceń pochodnych obliczono na podstawie wykresu wielomianu regresji najlepiej dopasowanego stopnia 6, a wyniki wykreślono za pomocą oprogramowania Surfer w wersji 10.2.601(32 bit) Apr6, 2011 na licencji [13]. Wielomian najlepiej pasuje do

TITAV1

$$\rho_a = 7E-15s^6 + 1E-11s^5 + 1E-08s^4 + 4E-06s^3 + 0.0009s^2 - 0.0135s + 4.7101......(4)$$

TITAV2

$$\rho_a = 9E-15s^6 - 2E-11s^5 + 2E-08s^4 - 7E-06s^3 + 0.0012s^2 - 0.0055s^1 + 5.1358.....(5)$$

$$V.d.t = \frac{\partial \rho_a}{\partial s}.$$

v.d.t=wersyjna transformacja pochodna

Ponieważ pionowa transformacja pochodna wskazuje na punkty przegięcia pseudo-sektora, jego części przekroju mają podobny wzór jak przekrój geoelektryczny, jak pokazano na rysunku 7. Zrozumienie pseudo-sektorowej transformacji pionowej może pomóc tłumaczowi w obsłudze zarówno sekcji geoelektrycznej pokazanej na rysunku 8, jak i modelu magnetycznego pokazanego na rysunku 9. Ponieważ w analizie i interpretacji oporności większość wykresów nie ma wyraźnego punktu przegięcia specjalnego na głębszych AB/2 i w związku z tym określenie odpowiedzi złożonej skały macierzystej może być trudne ze względu na złożony problem równoważności. Ale jeśli zostanie obliczona pionowa transformacja pochodna, może ona zapewnić wartości likialności skały macierzystej.

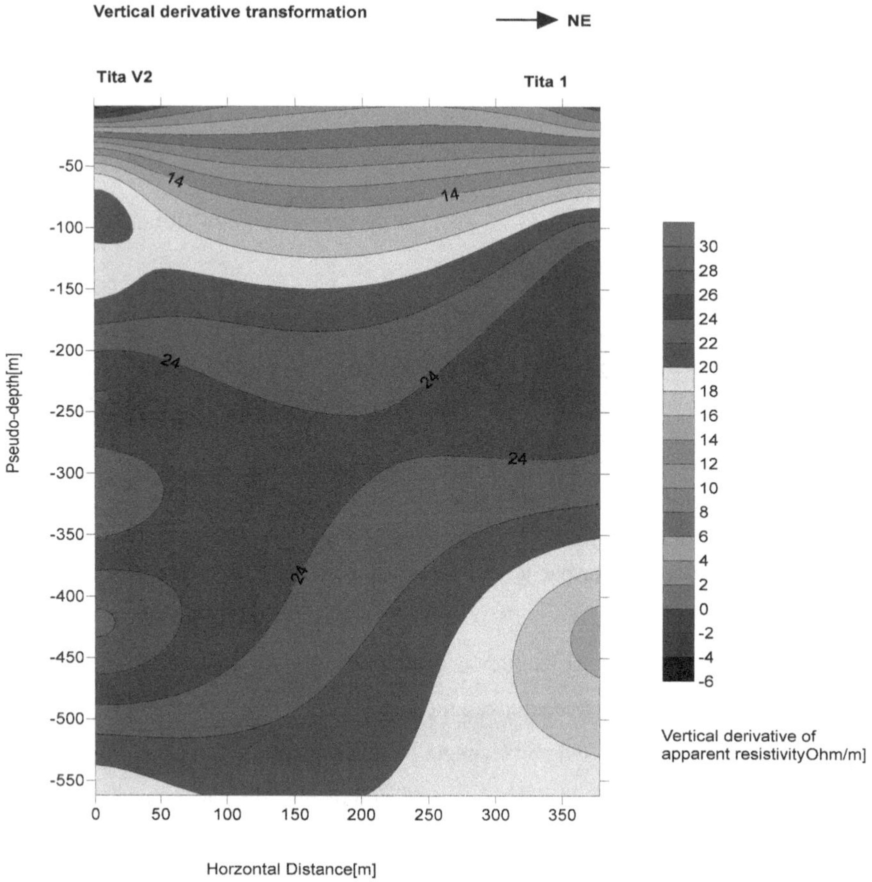

Rysunek 9 Pseudo przekrój pionowej pochodnej transformacji oporności pozornej

6.1.4 Analiza i interpretacja danych ilościowych

Dane TITAV1 i TITAV2 VES zostały przeanalizowane i zinterpretowane przez oprogramowanie IX1Dv2.2 i IPI2win (2008) poprzez skorelowanie lokalnej geologii, wykresu magnetycznego i pseudo-sekcyjnej pionowej transformacji pochodnej.

Dane polowe TITAV1 i TITAV2 są odwracane, aby uzyskać parametry modelu, które mogą definiować podpowierzchnię ziemi. Aby uzyskać najlepiej dopasowaną krzywą i parametr modelu z matrycą o wysokiej rozdzielczości wymagana jest powtarzalna iteracja danych procesowych. Jednym z ograniczeń interpretacji geofizycznej jest niejednolite rozwiązanie dla unikalnej krzywej danych pola. Równoważność i tłumienie są najbardziej znanym problemem w trzech podejściach do inwersji modeli.

6.1.5 Model równoważności

Istnieją dwa rodzaje problemów równoważności w technikach oporności elektrycznej

6.1.6 Model równoważności typu S

Ma to miejsce, gdy warstwa środkowa jest niskooporna, czyli krzywa typu H. Prąd koncentruje się na przepływie równolegle do warstwy środkowej [1]. Stosunek

$$S = h/\rho = cons\tan t \text{..................(7)}$$

6.1.7 Modele równoważności typów T

Ma to miejsce, gdy warstwa środkowa jest wysoce oporna, czyli krzywa typu T.

Prąd koncentruje się w poprzek do warstwy środkowej (Reynolds, 1990). Produktem

$$T = h\rho = cons\tan t.......................................(8)$$

6.1.8 Tłumienie

Ma to miejsce, gdy typem krzywej jest typ A lub Q. Efekt cienkowarstwowy powinien być brany pod uwagęw procesie interpretacji (Reynolds, 1997).

6.1.9 Matryca rozdzielczości

Matryca rozdzielczości jest produktem uogólnionej inwersji i jądra danych. Matryca rozdzielczości może przypisywać informacje, w jakim stopniu dane są przetwarzane w precyzyjnym podejściu geofizycznym [2] $R = G^{-g}G$; R-Resolution matrix-g-Generalized inverse data kernel i G-Data kernel.

Rysunki 14 i 15 pokazują, że model rezystywności interpretowany przez 1D, TITAV1 ma trzy warstwy typu K, a TITAV2 trzy warstwy typu A.

7 Inwersja danych geofizycznych

7.1 Ważony Tłumiony Najmniejsze kwadraty

Jeśli równanie **Gm=d** jest nieco niedookreślone, często można je rozwiązać poprzez zminimalizowanie kombinacji błędu przewidywania i długości rozwiązania, $E + \varepsilon^2 L$.

Parametr ten εjest wybierany przez błąd próbny i błąd długości, aby uzyskać rozwiązanie, które ma obszary z małym błędem predykcji. Szacunkowa wartość uchwały wynosi wówczas

$$m^{est} = \langle m \rangle + \left[G^T W_e G + \varepsilon^2 W_m\right]^{-1} G^T W_e \left[d - G\langle m \rangle\right] \text{...(9)}$$

Należy przeanalizować, czy odwrotność rzeczywiście istnieje, czy też nie. W zależności od wyboru matryc wagowych, do problemu należy dodać odpowiednią informację a priori, aby zwilżyć pod określeniem (Menke, 1984).

Tabela 1 Tita V1 posiada następujący parametr

Typ	Warstwa	Minimum	Najlepszy	Maksymalnie
RHO	1	4.56	4.69	4.81
	2	25.33	384.92	1781.76
	3	64.76	81.91	108.12
THICK	1	48.01	51.62	55.18
	2	1.32	10.65	49.29

Tabela 2 Matryca rozdzielczości parametrycznej V1

RHO1	1				
RHO2	0	0.01			
RHO3	0	0.06	0.83		
RHO1	0	-0.03	-0.03	0.99	

RHO2	0	0.01	0.05	-0.02	0.01
	R1	R2	R3	T1	T2

Tabela 3 Analiza ekwiwalentna

Typ	Warstwa	Minimum	Najlepszy	Maksymalnie
Rho	1	4.46	4.61	4.76
	2	11.69	19.62	34.88
	3	129.37	208.47	450.18
Gruby	1	24.49	29.02	34.85
	2	56	101.7	197.32

Tabela 4 Rozdzielczość parametryczna Tita V2

RHO1	1				
RHO2	0	0.56			
RHO3	0	-0.05	0.38		
RHO1	0	-0.17	0	0.91	
RHO2	0	-0.27	-0.24	-0.07	0.69
	R1	R2	R3	T1	T2

7.2 Przedstawienie i interpretacja sekcji geoelektrycznej

Sekcja geoelektryczna wskazuje na rysunku 9, że trzy warstwy są zidentyfikowane zarówno w części NE jak i SW. Pierwszy odcinek części NE najlepiej oszacował średnią grubość 51,62m i rzeczywistą rezystywność 4,69Ωm, która może być reakcją aluwialu osadzonego i/lub silnie rozłożonego i zwietrzałego bazaltu (ryolitu) nasyconego wodą [14]. Druga warstwa to stosunkowo cienka i wysokorezystancyjna warstwa, która ma 10,65m i rzeczywistą rezystywność 384,92Ωm z Tabeli 1. Pierwsza część SW ma 29,02m i rzeczywistą rezystywność 4,61Ωm, co może być reakcją aluwialu osadzonego i/lub silnie rozłożonego bazaltu (ryolitu) nasyconego wodą. Druga warstwa jest stosunkowo grubą i niskooporną warstwą, która ma 101,70m i rzeczywistą rezystywność 19,62Ωm z tabeli3. Matryca rozdzielczości w tabeli2 wskazuje, że rezystywność trzeciej warstwy TITAV1 wynosi 0,83, a matryca rozdzielczości z tabeli4 wskazuje, że rezystywność trzeciej warstwy TITAV2 wynosi 0,38, co może potwierdzić, że rezystywność trzeciej warstwy TITAV1 może być oszacowana lepiej niż TITAV2.Z pionowej transformacji pochodnej, ostatnia warstwa może być niskooporna dla TITAV1, ale może kontynuować wysokooporną TITAV2.Ale wartość oporności trzeciej warstwy dla TITAV2 208.4 może być odpowiedzią od wysokiego złamania do średnio złamanego bazaltu (ryolitu), który jest stosunkowo wysoko oporną warstwą podpowierzchniową. Matryca rozdzielczości 0,38 i analiza równoważności rezystywności [129,37, 450,18] z TITAV2 opisują wartości rezystywności, które nie są dobrze rozwiązane, a zakres wartości rezystywności nie może być jednoznacznie zidentyfikowany jako wysoki stopień złamania lub umiarkowany, ale prawdopodobieństwo, że jest to skała masywna jest niskie.

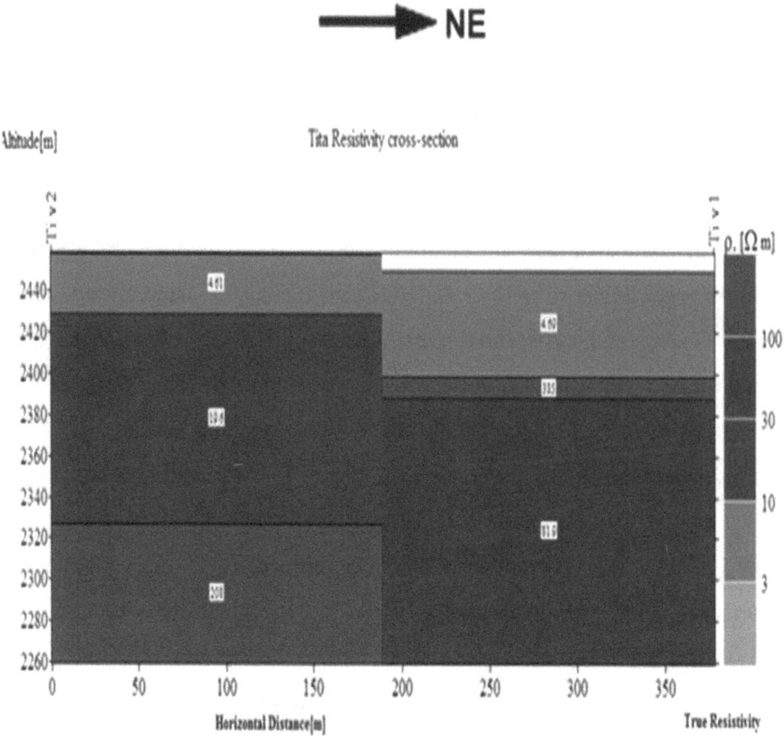

Rysunek

Rysunek 10 Przekrój geoelektryczny rzeczywistej rezystywności

[ρ,h] to kolejność parametrów na rysunku 8

7.3 Prezentacja i interpretacja modelu magnetycznego

Jakość danych całkowitego pola magnetycznego ma wysoką dokładność przy wysokim stosunku sygnału do szumu. Narszczenia na wykresie profilu pola magnetycznego wynikają z bardzo bliskiej powierzchni obszaru badań, która znajduje się między stacją 200m a 700m.Głębokość przekroju modelu magnetycznego wynosi od 13m do 54m. Wierzchołek przekroju ma głębokość 34 m, jak pokazano na rysunku 9.W przeciwieństwie do metody elektromagnetycznej, w pomiarach danych metodą magnetyczną podłoża dominuje efekt płytkiej formacji geologicznej. Aby ten płytki model mógł mieć wiarygodność geologiczną. Wrażliwość magnetyczna wzdłuż szerokości (y) $\chi_A = 0.0666SI$, która może być odpowiedzią zdekompletowanej, silnie zwietrzałej formacji skalnej wulkanicznej i która może być namagnesowana przez dominujące pole geomagnetyczne atrybutem całkowitego pola magnetycznego $F\cos I$ oraz wrażliwość magnetyczna wzdłuż wysokości (Z), $\chi_C = -0.0489SI$ która może być odpowiedzią zdekompletowanego, silnie zwietrzałego bazaltu atmosferycznego. Które mogą być namagnesowane przez $F\sin I$ przeważające pole geomagnetyczne i atrybut nie ma znaczącego namagnesowania.gdy skała wulkaniczna rozkładała swoje mikroskopijne namagnesowanie(M) mogą być ułożone losowo i powodować indukujące pole magnetyczne w celu zmniejszenia jego siły wielkości podczas dodawania wektorów indukcji magnetycznej wykonać. Ponieważ podatność magnetyczna $\chi = \frac{\Delta B}{B_o}$ staje się ujemna gdzie B_o jest indukujące pole magnetyczne (Telford, 1976)

Magnetyczna sekcja modelowa obszaru badań tita może mieć trzy warstwy.Pierwsza warstwa ma grubość od 13m do 54m.SW część może mieć glinę, piasek gliniasty.druga warstwa może mieć grubość 41m. Trzecia warstwa nie mogła zostać wykryta w wyniku tych prac badawczych, które mogłyby zostać zdominowane przez pole magnetyczne drugiej warstwy.

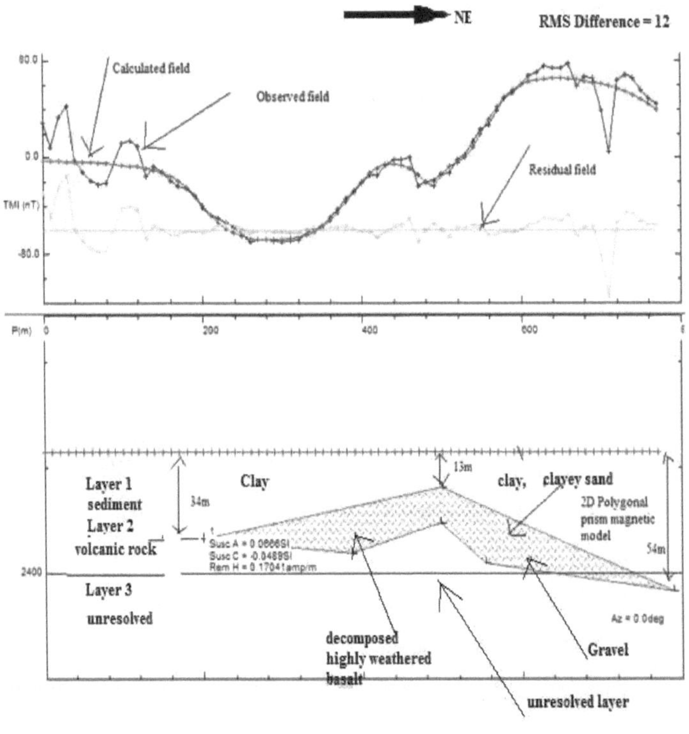

Rysunek 11 2D Model magnetyczny obszaru badań

7.4 *Funkcja Darzarouk oraz zmienna reprezentacja i interpretacja*

7.4.1 Odporność poprzeczna

Rezystancja poprzeczna części NE wynosi 400Ωm^2 , która może być odpowiedzią bazaltu umiarkowanie/ lekko spękanego na głębokości 62,27m, a rezystancja poprzeczna części SW wynosi 2500Ωm^2 , która może być odpowiedzią bazaltu umiarkowanie/ lekko spękanego aglomeratu na głębokości 130,72m. Wskazuje to, że czysty bazalt może mieć wyższą odporność poprzeczną niż bazalt lekko aglomerowany (AlexeiA. Bobachev, 2001).

7.4.2 Przewodność wzdłużna

Przewodność wzdłużna na odcinku NE wynosi 12,8 Siemena, a grubość gliny 30 m, podczas gdy na odcinku SW 11,8 Siemena, a grubość gliny 20 m.1 Różnica Siemena może być skorelowana ze zmianą grubości 10 m. Z powyższego opisu możliwe jest skorelowanie oporu poprzecznego z fizycznymi i chemicznymi właściwościami skały macierzystej, a przewodność wzdłużna i grubość nadkładu iłu może mieć bezpośrednią zależność (AlexeiA. Bobachev, 2001).

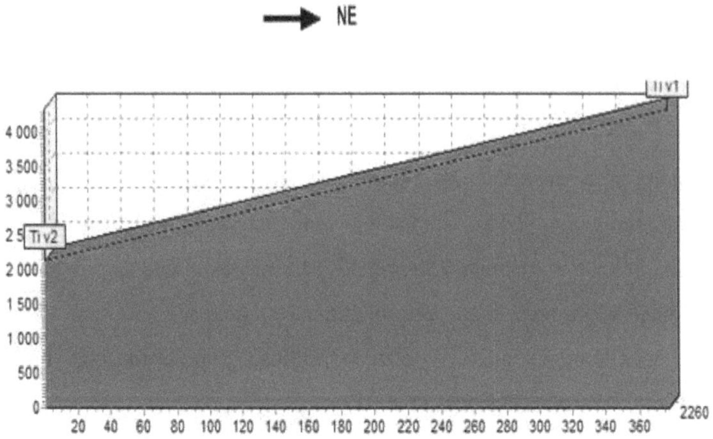

Rysunek: 12 oporów poprzecznych Tita V1 i Tita V2

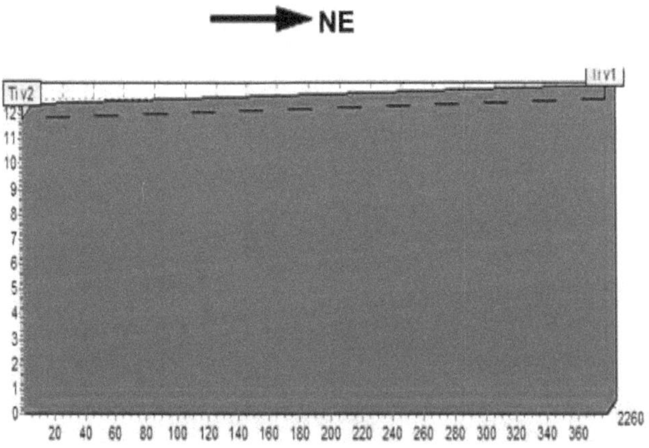

Rysunek 13 Tita V1 i Tita V2

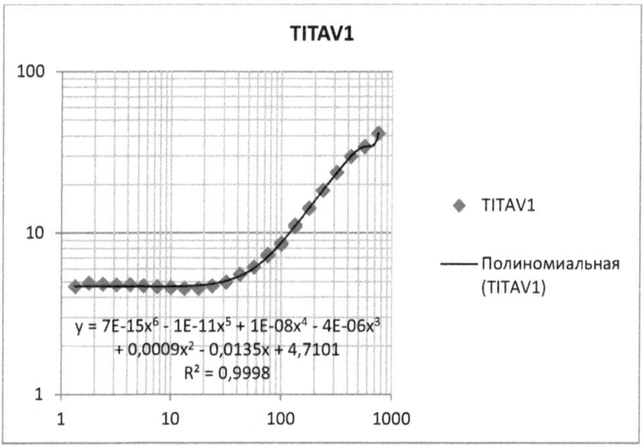

Rysunek 14 Wykres danych surowych dla Tita V1 i Tita V2

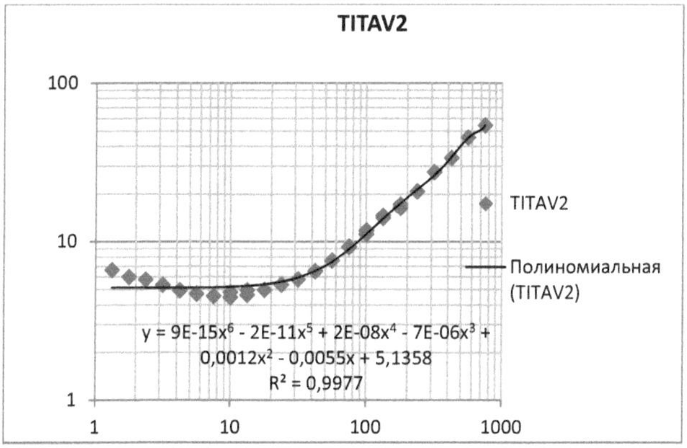

Rysunek 15 Wykres danych surowych Tita V2 na arkuszu logarytmicznym

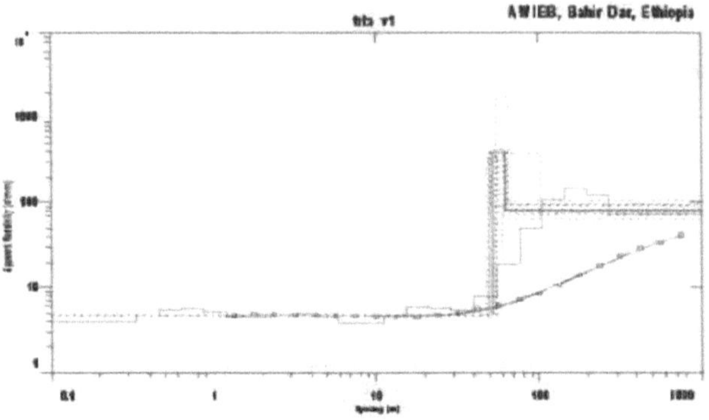

DATASET:	tita	v1	NORTH:	1233441	EAST:	572706	ELEVATION:	2450
LAYER	RESISTIVITY	THICKNESS	DEPTH	ELEVATION	LONG.	COND.	T.	RESIST.
1	4.7	51.6	51.6	2398.4	11		242	
2	384.9	10.6	62.3	2387.7	0		4098.3	
3	81.9							

Rysunek 16 Model inwersji danych Tita V1

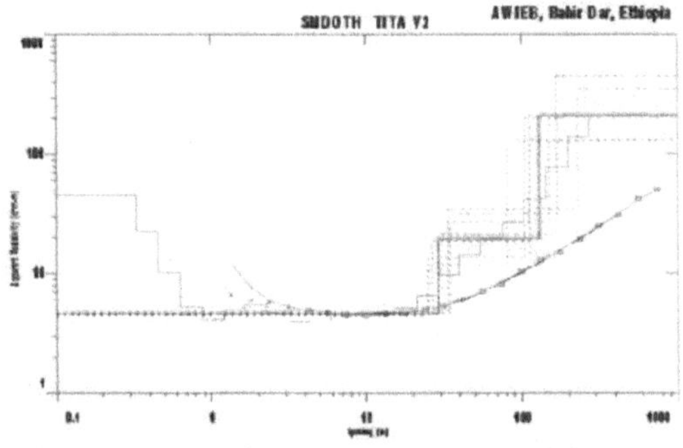

DATASET:	SMOOTH	TITA	V2	NORTH:	1233441	EAST:	572389	ELEVATION:	2458
LAYER	RESISTIVITY	THICKNESS	DEPTH	ELEVATION	LONG.	COND.	T.	RESIST.	
1	4.6	28	29	2429	6.3	133.8	133.8		
2	19.6	101.7	130.7	2327.3	5.2	1995.8	1995.8		
3	208.5								

Rysunek 17 Model inwersji danych Tita V2

8 Podsumowanie

NE część modelu 2D całkowitego pola magnetycznego i model TITAV1 wskazują, że miąższość złoża nadkładu wynosi odpowiednio 54m i 51,6m, a także SW część modelu magnetycznego i TITAV2 wskazują, że miąższość nadkładu wynosi odpowiednio 34m i 29m. Wyniki te pokazują, że obie metody mogą rozwiązać problem nadmiernego depozytu z różnicą 2,4m w NE i 5m w SW. Wartości podatności magnetycznej wzdłuż uderzenia NE wynoszą 0,066SI, co może być odpowiedzią na złamanie bazaltu i -0,0489SI, co może być odpowiedzią na lekkie złamanie bazaltu aglomeracyjnego (wypełnienie kwarcowe).

Maksymalne górne wartości pseudogłębokości V.T.D. wynoszą w przybliżeniu 140 m i 200 m odpowiednio w Tita V1 i Tita V2, co pokazuje, że możliwe jest oszacowanie maksymalnej głębokości zalegania skały macierzystej i jej wzoru przekroju geoelektrycznego. Przewodność wzdłużna i jej wartości grubości wynoszą 12,8 Siemen i 30 m w NE oraz 11,8siemen i 20 m w SW, co oznacza, że zdolność ochronna części przekroju w NE jest wyższa niż SW. Mimo że stosunek sygnału do szumu w danych profilu magnetycznego SW do NE był bardzo dokładny, to jednak ze względu na dużą siłę prądu głównego o wysokim napięciu trudno było poprowadzić je wzdłuż dwusegmentowego kierunku profilu magnetycznego SW do NE, w związku z czym podatność podłoża obliczano tylko wzdłuż jego szerokości i wysokości. Dodatkowe stacje elektrooporowe nie były w stanie przewodzić prądu elektrycznego.

9. Wyniki wiercenia otworów wiertniczych na badanym obszarze

Tabela 5 Opis litologiczny odwiertu 1 (TitaV1)

Głębokość wiercona (m)		***Opis litologiczny***	***Grubość***	***Rodzaj formacji***	***Uwaga***
Z	***Do***				
0	*30*	*Glina*	*30*	*Miękka*	
30	*44*	*Glina z piaskiem*	*14*	*Miękka*	
44	*50*	*Żwir*	*6*	*Miękka*	
50	*72*	*Piasek z żwirem*	*22*	*Miękka*	
72	*80*	*Lekko pęknięty bazalt*	*8*	*Twardy*	
80	*107*	*Słód bazaltowy umiarkowanie rozdrobniony*	*27*	*Twardy*	
107	*111*	*Lekko pęknięty bazalt*	*4*	*Twardy*	
111	*171*	*Wysoce zwietrzały bazalt*	*60*	*Medium*	
171	*183*	*Umiarkowanie pęknięty i zwietrzały bazalt*	*12*	*Twardy*	
183	*191*	*Lekko pęknięty bazalt*	*8*	*Twardy*	
191	*195*	*Masywny bazalt*	*4*	*Twardy*	

Głębokość wiercona			***Rodzaj formacji***	

Tabela 6: Opis litologiczny stacji Tita V2

(m)		*Opis litologiczny*	*Grubość*		*Uwaga*
Z	*Do*				
0	*20*	*Glina*	*20*	*Miękka*	
0	2	Rozłożony (silnie zwietrzały) bazalt	3 2	Mi ękka	
52	*60*	*Aglomerat aglomeratu umiarkowanie szczelinowego bazaltowego*	*8*	*Medium*	
60	*66*	*Wysoce frakturalny bazalt*	*6*	*Miękka*	
66	*80*	*lekkie pęknięcie aglomeratu bazaltowego (wypełnienie kwarcowe)*	*14*	*Twardy*	
80	*92*	*Masywny bazalt*	*12*	*Twardy*	
92	*94*	*Lekko pęknięty bazalt*	*2*	*Twardy*	
94	*110*	*Słód bazaltowy o wysokim stopniu spękania*	*16*	*Miękka*	
110	*116*	*Słabo spękany bazalt*	*6*	*Twardy*	
116	*124*	*Wysoce spękany bazalt*	*8*	*Miękka*	
124	*126*	*Bogaty w żelazo (lekko frakturalny bazalt)*	*2*	*Twardy*	

126	*130*	*Wysoce frakturalny bazalt*	*4*	*Miękka*	
130	*132*	*Lekko frakturalny bazalt*	*2*	*Twardy*	
132	*140*	*Wysoce frakturalny bazalt*	*8*	*Miękka*	
140	*146*	*Lekko frakturalny bazalt*	*6*	*Twardy*	
146	*148*	*Rozkładający się bazalt*	*2*	*Miękka*	
148	*156*	*Aglomerat aglomeratu umiarkowanie szczelinowego bazaltowego*	*8*	*pożywka*	
156	*166*	*Wysoce frakturalny bazalt*	*10*	*Miękka*	
166	*174*	*Lekko frakturalny bazalt*	*8*	*Twardy*	
174	*180*	*Masywny bazalt*	*6*	*Twardy*	

Odniesienie

[1]. John.M.Reynolds. Wprowadzenie do Geofizyki Stosowanej i Środowiskowej.Nowy Jork: John Wiley and Son Ltd, 1997, str. 1. 434-465

[2]. Menke, William. Analiza danych geofizycznych. Zjednoczone Królestwo: prasa akademicka Inc. (Londyn) ltd, 1984, s. 45-55

[3]. Roel Snieder i Jeannot trampert. "Odwrócenie problemu w geofizyce". Nowy Jork: Ed.A. Wirgin, Springer Verlag, s. 119-190,1999.

[4]. William Lowerie. Podstawy Geofizyki.Nowy Jork: Prasa uniwersytecka Cambridge, 2007, s. 252-256,293-320

[5]. Ugwu, N.U., Ranganai, R.T., Simon, R.Egeo i Ogubazghi, G." Geo-elektryczna ocena potencjału wód gruntowych i podatności warstwy wodonośnej nadkładu w Onibu-Eja-Active Open Dumpite". Osogbo, Southwestern Nigeria Journal of water resource and protection,Vol.8,pp.311-329,March,2016.

[6]. Zohdy,A.A."Pomocnicza punktowa metoda interpretacji sondowań elektrycznych i stosunku do parametrów Dar zarrouk". Geofizyka, V.30, nr 4, str. 644-660.1965.

[7]. Kazmin, V." Geologia Etiopii Objaśnienia do mapy geologicznej Etiopii 1:2,000,000,Etiopia" Institute of Geological Survey.1979.

[8]. Mohr, P.A." The geology of Ethiopia", Hailessilase I University Press, 1961, 1964 i 1979.

[9]. Telford, W.M, i inni. Geofizyka stosowana. Nowy Jork: Prasa uniwersytecka Cambrige, 1976, str. 72-73,524-532.

[10]. Badania geologiczne w Etiopii. "Geologia Etiopii".1999.

[11]. Gholam R.Lashkripour i Mohammad Nakhaei. "Badanie geoelektryczne w celu oceny stanu wód gruntowych: studium przypadku". Annal geofizyki, tom 48.N.6, str. 937-944, grudzień 2005 r.

[12]. Sri Niwas i Olivar A.L. de Lima. "Jednolite równanie dla prostego schematu inwersji na pionowych danych sondażu elektrycznego". Geofizyka, tom 23 nr 1, str. 22-33, kwiecień 2006 r.

[13]. Alexei A. Bobbachev, Igov.N, Modin, Vladimir Shevnin. IPI2Win User Guide.Mosco:Geoscan-M Ltd,2001,str.4

[14]. J.M. Vouillamoz, B, Chatenoux, F. Mathieu, J.M. Baltassalt, A. Legechenko. "Efektywność wspólnego wykorzystania MRS i VES do charakterystyki przybrzeżnego poziomu wodonośnego w Myanmarze".Journal of Applied Geophysics,vol.61,pp.142-154.2007

[15]. J. S. Kayode, P. Nyabese i A.O. Adelusi. "Ground magnetic study of llesa east, Southwestern Nigeria". Africa Journal of Environmental Science and Technology Vol.4(3),pp.122-131,March,2010.

[16]. Alan M, MACDONAL, Jeff DAVIES & Ronger C, CaLOW. "African hydrogeology and rural water supply".brytyjskie badania geologiczne.

[17]. Genet Abera i Birhan Muche "Hydrogeologiczne i geofizyczne sprawozdanie na temat wód gruntowych dla służby zaopatrzenia w wodę i przeładunku Dessie (Tita, Borumeda i Gerado)".2006, str. 4-20.

[18]. Badania geologiczne Etiopii. "Georeferencyjna mapa Etiopii Skala 1:2,000,000".

W prowadzenie do badań geofizycznych, P. Kearey, M. Brooks i I. Hill, 3rd edition Blackwell Science, 2002, ISBN0632049294, koszt nowy ~ 30 funtów.

[20] Keary, P., M. Brooks i I. Hill, An Introduction to Geophysical Exploration, 3rd edition Blackwell Science, 2002, ISBN0632049294.

21] Prof .G.R. Floulger i Prof.c.pierce. "Metoda geofizyczna w geologii".

[22] https://en.m.wikipedia.org>wiki>magn

FSC
www.fsc.org
MIX
Papier | Fördert
gute Waldnutzung
FSC® C083411

Kolibri 360 GmbH
Ferdinand-Jühlke-Straße 7
99095 Erfurt, Deutschland
produktsicherheit@kolibri360.de

Druck:
CPI Druckdienstleistungen GmbH
im Auftrag der
Kolibri 360 GmbH
Ferdinand-Jühlke-Str. 7
99095 Erfurt